A PLENITUDE
DO COSMOS

Ervin Laszlo

A PLENITUDE DO COSMOS

A REVOLUÇÃO AKÁSHICA na CIÊNCIA e na CONSCIÊNCIA HUMANA

Tradução
NEWTON ROBERVAL EICHEMBERG

Título original: *The Self-Actualizing Cosmos*.

Copyright © 2014 Ervin Laszlo.

Copyright da edição brasileira © 2018 Editora Pensamento-Cultrix Ltda.

Texto de acordo com as novas regras ortográficas da língua portuguesa.

1ª edição 2018.

Todos os direitos reservados. Nenhuma parte desta obra pode ser reproduzida ou usada de qualquer forma ou por qualquer meio, eletrônico ou mecânico, inclusive fotocópias, gravações ou sistema de armazenamento em banco de dados, sem permissão por escrito, exceto nos casos de trechos curtos citados em resenhas críticas ou artigos de revistas.

A Editora Cultrix não se responsabiliza por eventuais mudanças ocorridas nos endereços convencionais ou eletrônicos citados neste livro.

Editor: Adilson Silva Ramachandra
Editora de texto: Denise de Carvalho Rocha
Gerente editorial: Roseli de S. Ferraz
Preparação de originais: Marta Almeida de Sá
Produção editorial: Indiara Faria Kayo
Editoração eletrônica: Mauricio Pareja da Silva
Revisão: Bárbara Parente

Dados Internacionais de Catalogação na Publicação (CIP)
(Câmara Brasileira do Livro, SP, Brasil)

Laszlo, Ervin
 A plenitude do cosmos : a revolução Akasha na ciência e na consciência humana / Ervin Laszlo ; tradução Newton Roberval Eichemberg. — São Paulo : Cultrix, 2018.

 Título original: The self-actualizing cosmos
 Inclui apêndice.
 ISBN 978-85-316-1463-7
 1. Ciência — Filosofia 2. Ciências Sociais e Humanas 3. Consciência 4. Cosmologia 5. Registros de Akasha I. Título.

18-16775   CDD-501

Índices para catálogo sistemático:
1. Campo Akáshico : Ciência 501
Iolanda Rodrigues Biode — Bibliotecária — CRB-8/10014

Direitos de tradução para o Brasil adquiridos com exclusividade pela
EDITORA PENSAMENTO-CULTRIX LTDA., que se reserva a
propriedade literária desta tradução.
Rua Dr. Mário Vicente, 368 — 04270-000 — São Paulo, SP
Fone: (11) 2066-9000 — Fax: (11) 2066-9008
http://www.editoracultrix.com.br
E-mail: atendimento@editoracultrix.com.br
Foi feito o depósito legal.

Sumário

Agradecimentos 7
Prólogo 9

Parte Um
FUNDAMENTOS CONCEITUAIS DO NOVO PARADIGMA

1 Revolução na Ciência 13
2 Campos 19
3 O Holocampo Conector 25
4 Campos, Realidade Física e a Dimensão Profunda 31
5 O Akasha 43

Parte Dois
A COSMOLOGIA DO PARADIGMA AKÁSHICO

6 Cosmos 51
7 Consciência 61

Parte Três
A FILOSOFIA DO PARADIGMA AKÁSHICO

8   Percepção 71
9   Saúde 79
10 Liberdade 85
11 O Bem 89

Parte Quatro
PERGUNTAS, RESPOSTAS E REFLEXÕES

12 Sobre o Significado do Novo Paradigma:
    Com Base em um Abrangente Diálogo com
    David William Gibbons 97
13 A Cura por Meio da Dimensão A:
    Uma Troca de Ideias com a Doutora Maria Sági 111
14 O Que É o Akasha?
    Algumas Perguntas e Respostas Essenciais
    com Györgyi Szabo 121
15 Comentários sobre o Paradigma Akáshico
    por Cientistas e Pensadores de Ponta
    *Edgar Mitchell • David Loye • Kingsley Dennis • David
    Lorimer • Stanley Krippner • Deepak Chopra • Ken Wilber* 133

Apêndices
O PARADIGMA AKÁSHICO NA CIÊNCIA

APÊNDICE I Não Localidade e Interconexão:
Uma Revisão das Evidências 149

APÊNDICE II O Paradigma Akáshico na Física
Duas Hipóteses 183
*Hipótese 1: O Éter Transmutante por Paul A. LaViolette
Hipótese 2: O Campo Quântico Universal por Peter Jakubowski*

Referências 233

Agradecimentos

Gostaria de agradecer aos físicos de ponta Paul LaViolette e Peter Jakubowski por contribuírem com hipóteses pioneiras que assentam as fundações do paradigma Akáshico na física.

Quero expressar minha gratidão e minha estima a Edgar Mitchell, Stanley Krippner, David Loye, Kingsley Dennis, David Lorimer, Deepak Chopra e Ken Wilber — amigos e colegas de longa data — por seus comentários e sugestões, que me ajudaram a obter uma formulação abrangente da ciência e da filosofia do paradigma Akáshico.

Reconheço igualmente a contribuição da doutora Maria Sági, outra amiga e colega de longa data, e cujas descobertas relativas à cura não local, independentemente do espaço e do tempo, motivaram meu desenvolvimento do paradigma Akáshico e também me mantiveram em boa saúde durante quase três décadas.

Meus sinceros agradecimentos a David William Gibbons e Györgyi Szabo por conversas que me ajudaram a explicar com detalhes para o leitor questões básicas a respeito do significado e da importância do novo paradigma.

Sou grato a Marco Antonio Galvan pelo seu profundo interesse por esse paradigma e por seu notável discernimento em descobrir e chamar minha atenção para descobertas científicas de ponta que justificam seus fundamentos científicos.

Um prazer particular é o que sinto ao reconhecer a contribuição especializada de meus filhos Christopher e Alexander em chamar minha atenção para descobertas e ideias importantes para a exposição e as implicações desse paradigma.

Por fim, mas de modo algum menos importante, agradeço à minha esposa Carita Marjorie, sem cuja infalível paciência e constante amor e apoio eu não poderia ter tido a persistência, a inspiração e a concentração para trabalhar sobre os conceitos e ideias que tentei expressar neste último livro, e talvez o mais definitivo, sobre o "campo akáshico".

Prólogo

Há uma enorme revolução em andamento na ciência atualmente, uma transformação que é, ao mesmo tempo, profunda e fascinante. Ela muda a nossa visão do mundo, e o nosso conceito de vida e de consciência no mundo. E ela chega em uma época propícia.

Sabemos que o mundo que criamos é insustentável: precisamos de um novo pensamento para evitar um colapso e nos colocar a caminho de uma sociedade sustentável e próspera. A inspiração para o novo pensamento pode vir da ciência, mas não, ou não apenas, da ciência como fonte de novas tecnologias. Em vez disso, precisamos conceber a ciência como uma fonte de orientação e de aconselhamento, como um manancial de ideias dignas de confiança para redescobrirmos as nossas relações uns com os outros e com o universo. A revolução que está em andamento na ciência oferece um paradigma que pode satisfazer a essa necessidade.

Um *paradigma* na ciência é o fundamento, às vezes tácito, mas sempre efetivo, da maneira como os cientistas concebem o mundo, inclusive os objetos e processos que eles investigam. Um novo paradigma é uma importante inovação na ciência: ela permite aos cientistas reunir os elementos emergentes do conhecimento científico, compondo-os, e perceber a totalidade significativa subjacente a esse complexo mosaico de dados, teorias e aplicações.

Um novo paradigma tem significado e interesse que se estendem muito além da ciência. Ele fornece uma visão holística e integral da vida e do universo, erguendo esses panoramas do domínio da especulação para o domínio da observação cuidadosa e do raciocínio rigoroso. Embora seja baseado em teorias sofisticadas e em observações de grande envergadura, esse paradigma que está vindo à tona é basicamente simples e inerentemente significativo.

O livro que o leitor tem em mãos dedica-se a transmitir os princípios do novo paradigma em uma linguagem que, parafraseando Einstein, é tão simples quanto possível —, mas não simplista. Ele delineia os princípios do novo paradigma e os aplica ao empenho de intensificar nossa compreensão do cosmos e da consciência. Em seguida, ele se volta para assuntos como o interesse humano pela maneira como percebemos o mundo; como podemos usar a informação que recebemos do mundo para manter a nossa saúde; que tipo e que nível de liberdade nós desfrutamos no mundo, e por último, mas não menos importante, como podemos lutar pelo mais alto valor na vida, que os filósofos chamavam de "O Bem".

O autor tem se empenhado em explorar e elaborar o paradigma que está vindo à luz na ciência já há mais de quatro décadas. Ele espera que esse estudo, o fruto mais recente e mais maduro de seus esforços, consiga responder à altura das expectativas que seus amigos e leitores atribuem a essa nova visão. E também que ele comprove ser um esquema efetivo para investigar e elaborar o novo paradigma que emerge na ciência a fim de podermos atingir uma compreensão melhor de quem somos nós, do que é o mundo e de qual é a nossa missão nesta época crucial de nossa história.

PARTE UM

Fundamentos Conceituais do Novo Paradigma

O paradigma que está emergindo da confusa massa de observações, explorações e debates que agitam o revolucionário período vivido atualmente pela ciência é inovador e desbravador em seu impacto, mas a novidade que ele anuncia não está destinada a finalidades exclusivamente científicas. O novo paradigma está solidamente baseado no que a ciência e os cientistas já sabem sobre a natureza da realidade: ele reconhece a validade dos depósitos de conhecimento científico acumulados. Mas o novo paradigma reúne e monta os elementos do conhecimento científico de uma forma que é mais consistente, coerente e significativa do que aquela que era possível à luz do velho, e ainda influente, paradigma. Ele oferece uma nova *gestalt*, uma nova maneira de ligar os pontos do conhecimento científico, organizando-os e conectando-os com simplicidade e coerência otimizadas. Ele faz isso com uma medida da elegância que os cientistas e filósofos sempre procuraram encontrar e expressar em suas teorias.

A Parte Um apresenta os fundamentos conceituais do novo paradigma, antes de passarmos à exploração, nas partes subsequentes, de suas implicações para o nosso conhecimento do mundo e para o nosso pensar e agir no mundo.

1
Revolução na Ciência

Einstein observou: "Estamos procurando o esquema de pensamento mais simples possível que possa ligar conjuntamente os fatos observados". Essa frase encapsula a quintessência do projeto que conhecemos como ciência. Ciência não é tecnologia: é compreensão. Quando nossa compreensão do mundo ocorre em conformidade com a natureza do mundo, descobrimos cada vez mais coisas sobre o mundo, e temos mais e mais capacidade para lidar com ele. A compreensão é básica.

A ciência genuína procura o esquema que poderia transmitir compreensão abrangente, consistente e simples em um nível ótimo do mundo e de nós mesmos nele. Esse esquema não é estabelecido de uma vez por todas; precisa ser periodicamente atualizado. Os fatos observados crescem com o tempo e se tornam mais diversificados. Ligá-los conjuntamente em um esquema simples e, no entanto, abrangente requer revisão e, ocasionalmente, a reinvenção desse esquema.

Nos últimos anos, o repertório de fatos observados cresceu e tornou-se extremamente diversificado. Precisamos de um novo esquema: um paradigma mais adequado. Isso, na linguagem de Thomas Kuhn, significa uma nova revolução científica. Em sua obra seminal *A Estrutura das Revoluções Científicas*, Kuhn (1962) observou que a ciência cresce por meio da alternação de duas fases radicalmente diferentes. Uma delas é a fase relativamente duradoura da "ciência normal" e a outra é a fase das "revoluções científicas". A ciência normal se esforça para manter seu *status*, mas não progride: ela só é marginalmente inovadora. Ela liga conjuntamente os fatos observados dentro de um esquema estabelecido e consensualmente validado, e, caso encontre observações que não se encaixam nesse esquema, ela o amplia e o ajusta.

Isso, no entanto, nem sempre é possível. Se a tentativa não é abandonada, o esquema dominante torna-se ingovernavelmente complexo e obscuro, como a astronomia ptolomaica fez com a adição constante de epiciclos aos seus ciclos básicos para responder pelo movimento "anômalo" dos planetas. Quando, no desenvolvimento da ciência, esse ponto crítico é atingido, é hora de substituir o esquema estabelecido. É necessário descobrir um novo paradigma, capaz de alicerçar as teorias e interpretar as observações que lhes dão apoio. A fase relativamente calma da ciência normal chega a um fim e dá lugar à turbulência que legitima um período de revolução científica.

Nas ciências naturais, a fase turbulenta de uma revolução já começou. Uma série de observações inesperadas e — para o paradigma dominante — criticamente anômalas veio à luz. Elas clamam por uma mudança básica de paradigma, por uma revolução fundamental que reinterprete as suposições mais básicas da ciência sobre a natureza do cosmos, da vida e da consciência.

Essa série de observações criticamente anômalas pode ser remontada a uma descoberta experimental realizada no início da década de 1980. Um artigo publicado pelos físicos franceses Alain Aspect e seus colaboradores (Aspect *et al.*, 1982) relatou um experimento realizado em condições rigorosamente controladas. Esse experimento demonstrou que quando pares de partículas quanticamente ligadas são separados de modo que as metades são projetadas até uma distância finita uma da outra, elas permanecem ligadas apesar do espaço que as separa. Além disso, a conexão entre as partículas desses pares é quase instantânea. Isso contradiz um princípio básico da relatividade: de acordo com a teoria de Einstein, a velocidade da luz é a maior velocidade com a qual qualquer coisa ou sinal pode se propagar no universo.

O experimento de Aspect foi repetido e sempre gerou o mesmo resultado. A comunidade científica ficou perplexa, mas finalmente rejeitou o fenômeno, alegando que ele não tinha nenhum significado mais profundo: o "entrelaçamento" das partículas divididas, disseram os físicos, é estranho, mas não transmite informação nem "influencia" ou "age sobre" coisa alguma.* No entanto, até mesmo isso foi colocado em questão por experimentos subsequentes. Confirmou-se que o estado quântico de partículas, e até mesmo de átomos inteiros, pode ser projetado instantaneamente ao longo de qualquer distância finita. Isso veio a ser conhecido como "teletransporte". Interações instantâneas baseadas na ressonância quântica também foram descobertas em sistemas vivos e até mesmo no universo em seu todo.

Também veio à tona um fato anômalo aparentado a esse e relacionado ao nível e à forma de coerência encontrada em sistemas complexos. A coerência observada sugere interação instantânea, "não local", entre as partes ou elementos desses sistemas: interação que transcende os limites reconhecidos do espaço e do tempo. No domínio quântico, observou-se recentemente que o entrelaçamento — a conexão instantânea entre *quanta* (as menores unidades identificáveis de "matéria") separados por qualquer distância finita — ocorre não apenas através do espaço, mas também através do tempo. Já se sabia que dois ou mais *quanta* que em qualquer determinado instante ocupavam o mesmo estado quântico permanecem

---

* Essa atitude ambígua (por um lado, cética e "embaraçada" diante da quase inacreditável estranheza do fenômeno, e por outro lado entusiasmada e disposta a "abraçá-lo" sem reservas) no que se refere à maneira de reconhecer a natureza do fenômeno está implícita na própria palavra que Erwin Schrödinger usou para cunhá-lo: *Verschränkung*, palavra que, como esclareceu Louisa Gilder em seu livro *The Age of Entanglement*, uma das obras contemporâneas mais instigantes e instrutivas sobre o assunto, "é um tanto diferente da palavra inglesa, pois se *entanglement* [a tradução "oficial" de *Verschränkung*] significa, coloquialmente, confusão, desordem (*mess*), a palavra alemã sugere ordem: um alemão, ao pronunciá-la, a definiria dobrando em cruz os seus braços sobre o peito para ilustrar ligação cruzada". As duas traduções mais usadas na língua portuguesa refletem essa dupla maneira de abordar o fenômeno: emaranhamento e entrelaçamento. (N.T.)

instantaneamente correlacionados; mas agora também surgem evidências de que dois quanta que nunca coexistiram no mesmo instante (como no caso em que uma das partículas deixou de existir antes que a outra passasse a existir) também permanecem instantaneamente entrelaçados.

Esse tipo de entrelaçamento não está limitado ao domínio quântico, pois ele também vem à tona em escalas macroscópicas. A vida não seria possível em sua ausência. Por exemplo, no corpo humano, trilhões de células precisam estar plenamente correlacionadas, e correlacionadas com precisão, para manter o organismo em seu estado vivo que, do ponto de vista físico, é altamente improvável. Essa situação requer conexões multidimensionais quase instantâneas através de todo o organismo.

Outra descoberta inexplicável à luz do atual paradigma é a de que moléculas orgânicas são produzidas em estrelas. Para a sabedoria por ele transmitida, o universo é um sistema físico em que a vida é, se não um fenômeno anômalo, pelo menos rara e muito provavelmente acidental. Afinal de contas, sistemas vivos podem evoluir somente em condições que são extremamente raras no espaço e no tempo. No entanto, verificou-se que as moléculas orgânicas nas quais a vida se baseia são produzidas já na evolução físico-química das estrelas. Essas moléculas orgânicas são ejetadas no espaço vizinho e revestem asteroides e aglomerados de matéria interestelar, inclusive aqueles que posteriormente se condensam em estrelas e planetas. Parece que as leis que governam a existência e a evolução do universo estão ajustadas em sintonia fina para produzir o tipo de sistemas complexos que nós associamos com os fenômenos da vida.

Não se pode responder por observações desse tipo apenas fazendo-se remendos no paradigma dominante: elas desafiam os próprios fundamentos do esquema básico com o qual os cientistas têm ligado conjuntamente os fatos observados. Esse também foi o caso na virada do século XX, quando a comunidade científica mudou do paradigma newtoniano para o paradigma da relatividade. Também foi o caso na década de 1920, com a mudança para o paradigma quântico. Mudanças de paradigma mais limitadas desdobraram-se em domínios específicos desde essas ocasiões, em particular na psicologia, com a emergência de teorias transpessoais, e na cosmologia, com o advento de modelos de "multiversos", que não absolutizam o Big Bang.

O paradigma que está emergindo na ciência nesta segunda década do século XXI significa uma enorme mudança na visão de mundo da ciência. É uma mudança do paradigma dominante do século XX, em que se acreditava que os eventos e as interações ocorriam no espaço e no tempo e eram considerados locais e separáveis, para um paradigma do século XXI, o qual reconhece que há uma dimensão mais profunda além do espaço e do tempo, e que a conexão, a coerência e a coevolução que observamos no mundo manifesto estão codificadas no domínio integral dessa dimensão mais profunda.

2
Campos

Um mundo onde a conexão, a coerência e a coevolução são características fundamentais não é um mundo fragmentado e fragmentável, mas um mundo integral, uno, uma totalidade completa. Nesse mundo, a não localidade é um fator fundamental: coisas que ocorrem em um lugar e em um tempo também ocorrem em outros lugares e outros tempos — em algum sentido, elas ocorrem em todos os lugares e em todos os tempos.

A não localidade no mundo é uma inferência decorrente de observações atuais, mas o paradigma do século XX, que ainda fundamenta essas observações, não as leva em consideração. Há uma necessidade urgente de um paradigma no qual a não localidade é uma característica básica — o paradigma de um mundo que é intrinsecamente não local. É um paradigma assim que está, atualmente, emergindo na linha de frente da investigação científica. Ele se baseia em uma nova compreensão da maneira como as partes interagem dentro das totalidades; em última análise, em uma compreensão da maneira como as partes que conhecemos como *quanta* e as entidades macroescalares construídas como sequências coordenadas de *quanta* interagem dentro da totalidade maior que chamamos de "cosmos". O conceito básico que pode transmitir significado científico e legitimidade a essa compreensão é o de *campo*.

O CONCEITO DE CAMPOS

Campos são elementos *bona fide** do mundo físico, embora, em si mesmos, não sejam observáveis. São semelhantes a redes de pesca tão finas que os fios que as constituem não são visíveis. No entanto, dar um puxão em qualquer *link*** da rede cria um movimento correspondente em todos os outros *links*.

Os próprios campos não são visíveis, mas produzem efeitos observáveis. Os campos conectam fenômenos. Campos locais conectam coisas dentro de uma determinada região do espaço e do tempo, mas também há campos universais que conectam coisas ao longo de todo o espaço e de todo o tempo. Os *quanta*, e as coisas constituídas de *quanta*, interagem por meio de campos, e interagem universalmente. Campos universais medeiam interações através de todo o universo e as medeiam não localmente.

OS CAMPOS "CLÁSSICOS" DA CIÊNCIA

A primeira variedade de campos postulados na ciência foi necessária para responder pela atração entre coisas através do espaço. A ação a distância não era aceitável — nem mesmo Einstein estava satisfeito com a ideia de ligação entre eventos separados por uma distância indefinida sem que houvesse alguma forma de conexão entre eles: Einstein chamou essa conexão de "fantasmagórica". No entanto, coisas atraem-se efetivamente através do espaço que as separa e a física clássica introduziu o conceito de um campo, o campo gravitacional.

No início do século XVIII, supunha-se que o campo gravitacional fosse construído por pontos materiais distribuídos no espaço e atuasse sobre cada um dos pontos materiais em sua localização espacial específica. Mais tarde, o conceito de campo foi estendido de modo a incluir fenômenos elétricos e magnéticos. Em 1849, Michael Faraday substituiu a ação direta en-

---

* Isto é, autênticos, confiáveis, convincentes, aceitos de boa-fé. (N.T.)
** *Link* significa nodo de rede, articulação, vínculo, elo, elemento de ligação. (N.T.)

tre cargas elétricas e correntes elétricas por campos elétricos e magnéticos produzidos por todas as cargas e correntes em um determinado instante.

Em 1864, James Clerk Maxwell foi mais longe: ele propôs a teoria eletromagnética da luz. De acordo com essa teoria, o campo eletromagnético (EM) é universal: ele responde por fenômenos elétricos e magnéticos onde quer que eles ocorram. Considera-se que os fenômenos observados são ondas que se propagam com velocidade finita em um campo EM universal.

Por volta do despontar do século XX, a física havia adquirido quatro campos universais, dois deles de longo alcance, o campo gravitacional e o campo eletromagnético, e dois de curto alcance, os campos nucleares forte e fraco. Desde meados do século passado, a esses quatro campos "clássicos" juntaram-se vários campos não clássicos postulados pela teoria quântica dos campos.

OS CAMPOS QUÂNTICOS

Os campos quânticos são entidades complexas: eles descrevem fenômenos no espaço e no tempo, assim como o próprio espaço-tempo. Esses fenômenos não são materiais no sentido convencional da palavra. Desde meados do século XX, não houve uma só coisa no mundo que, sob um olhar mais minucioso, os físicos quânticos pudessem identificar como "matéria". Houve, e há, somente campos em estados excitados, onde as excitações se manifestam como entidades materiais.

Tanto as partículas como as forças são estados de excitação de um campo subjacente. As forças universais são descritas como campos de Yang-Mills, substituindo o campo eletromagnético* clássico. Os *quanta*, por sua vez, são descritos por aquilo que se conhece como *campos fermiônicos*, e as partículas esquivas que dotam os *quanta* de massa estão associadas ao *campo de Higgs*, um campo de energia invisível que permeia todo o

---

* Os campos de Yang-Mills devem esse nome aos físicos quânticos Cheng Ning Yang e Robert Mills, que apresentaram uma teoria a respeito do comportamento das partículas elementares, a qual levou à unificação da força fraca com a força eletromagnética.

universo. No cômputo final, todos os fenômenos físicos são "excitações de campo", padrões vibratórios no espaço-tempo.

O próprio espaço não é uma variável independente nas equações de campo e não é considerado um elemento independente no universo. Como se descreve na teoria das cordas, a estrutura do espaço depende diretamente das condições que definem a presença de pontos materiais classicamente conhecidos como matéria. O espaço-tempo como um todo é gerado por campos.

De acordo com a teoria quântica, em escalas muito pequenas o espaço não é uniforme; ele não é plano, nem mesmo na ausência de massa: ele se constitui em uma "espuma quântica" turbulenta. Há infinidades matematicamente incômodas associadas à espuma quântica (a presença de infinidades em uma teoria que alega descrever um universo finito demonstra uma ruptura em sua coerência), e a teoria das cordas foi desenvolvida para resolver essas infinidades. A teoria as elimina "sujando" as propriedades de curta distância do espaço, e suavizando a turbulência quântica. Nesse contexto, as entidades elementares do universo são filamentos vibrantes; eles se manifestam como partículas porque a potência dos instrumentos não pode penetrar na escala necessária. (A tecnologia atual permite medições de até 10^{-18} m, enquanto a escala de Planck, necessária para que o fenômeno das cordas se evidencie, é de 10^{-35} m). Se for esse o caso, as partículas são epifenômenos criados pelas limitações do nosso sistema de observação.

As cordas substituem as partículas massivas, que, de acordo com a teoria geral da relatividade geral, curvam a matriz quadridimensional do espaço-tempo. (A teoria geral da relatividade é uma teoria geométrica da gravitação introduzida por Einstein em 1916. Ela fornece uma descrição unificada da gravidade como uma propriedade geométrica intrínseca da matriz quadridimensional chamada espaço-tempo.) Elétrons, múons e *quarks*, assim como toda a classe dos bósons (partículas de luz e de força) e férmions (partículas de matéria), não são partículas, mas modalidades vibracionais definidas de acordo com a geometria do espaço-tempo. Nas formas sofisticadas da teoria das cordas, o espaço-tempo é "filamentoso":

os pontos relativos do espaço são, eles próprios, supercordas. O espaço vazio é um padrão de baixo nível vibracional, um "buraco" no espaço de Calabi-Yau, e os fenômenos classicamente considerados como partículas aparecem na interseção das fronteiras dos buracos espaciais de Calabi-Yau.

Embora a teoria da relatividade e a teoria quântica dos campos sejam esquemas altamente aperfeiçoados para se compreender as conexões que aparecem entre fenômenos no espaço e no tempo, os campos que elas postulam não oferecem uma explicação adequada da não localidade que tem sido observada na escala superpequena do *quantum* e é hoje igualmente observada em escalas macroscópicas. Parece que um item a mais precisa ser acrescentado ao repertório dos campos conhecidos pela ciência. É para a natureza desse "campo faltante"* que voltaremos agora a nossa atenção.

---

* No original, *missing field*, isto é, o "elo perdido" entre os campos. (N.T.)

3
O Holocampo Conector

Assim como acontece com a atração e a repulsão entre entidades observadas, e com a transmissão de força e de luz, a não localidade, ao se manifestar em diversos domínios de investigação, pede para que nela se reconheça a ação de um campo, mais especificamente, a ação de um campo "gerador de interações não locais". (Dizemos que uma interação é não local quando ela transcende os limites conhecidos para a propagação de efeitos no espaço e no tempo.) O conceito de um campo assim não pode ser um postulado *ad hoc*, nem pode ser uma hipótese extracientífica. Ele precisa estar arraigado no que a ciência já conhece a respeito da natureza da realidade física. A questão da qual passamos agora a nos ocupar refere-se à natureza de tal campo. Há teorias na ciência que oferecem pontos de partida cogentes para se lidar com essa questão.

Interações não locais podem ser reportadas à conjugação das ondas emitidas por *quanta* e por sistemas de *quanta*. (Dizemos que duas ondas são conjugadas quando suas oscilações são sincronizadas na mesma frequência.) As informações presentes nos nodos dos padrões de interferência produzidos por ondas conjugadas são compartilhadas entre as ondas. Desse modo, a sincronização das fases das ondas emitidas por *quanta* e sistemas de *quanta* correlaciona os seus estados. A percepção aguçada e iluminadora que esse reconhecimento proporciona é básica para se compreender a não localidade das interações na natureza.

O problema é que as relações de fase não são facilmente observáveis. Quando examinamos as propriedades físicas dos sistemas que emitem as ondas, constatamos que as ondas emitidas por eles permanecem obscuras; e quando focalizamos as ondas, as propriedades físicas dos sistemas tornam-se indistintas.

A relação entre a observação da fase dos componentes de um sistema e os próprios componentes é análoga ao princípio da complementaridade enunciado por Niels Bohr. A focalização na estrutura atômica do sistema em observação acarreta a perda da dinâmica de suas frequências ondulatórias; e a focalização na dinâmica de fase obscurece a estrutura atômica. No entanto, se a não localidade em um sistema se deve à conjugação de fase das frequências ondulatórias de suas componentes, o conhecimento da dinâmica de fase do sistema é essencial para se compreender a origem da não localidade.

A relação complementar entre a observação dos componentes de um sistema e a observação de sua dinâmica de fase foi descoberta com relação ao hélio líquido, um superfluido cujos componentes estão completamente em fase e apresentam um extraordinário nível de coerência. Subsequentemente, foram descobertos inesperados níveis e formas de coerência em sistemas macroescalares, e até mesmo em temperaturas presentes na vida cotidiana, inclusive na água em estado líquido e em tecidos vivos. A mecânica quântica clássica (MQ) não poderia explicar esse fenômeno, pois ela se concentrava nos componentes quânticos dos sistemas, e, portanto, malograva em responder pela dinâmica de fase desses componentes. A teoria quântica dos campos (TQC) superou essa falha. Na TQC, o campo que governa as fases dos componentes do sistema tanto é uma parte do sistema como o é dos próprios componentes do sistema: não há separação entre os componentes e suas interações.

A questão que restou para ser esclarecida refere-se à natureza das ondas envolvidas nas interações não locais. Os físicos, em sua maior parte, sustentaram que elas são ondas eletromagnéticas (EM). No entanto, essa resposta não é satisfatória, pois em níveis macroscópicos e em períodos extensos, a não localidade nas interações requer conjugação de fase de longo alcance. Isso não pode se referir a ondas eletromagnéticas, pois no campo EM o efeito declina com a distância e com o tempo. Por isso, se devemos responder pela não localidade ao longo de períodos extensos e longas distâncias, precisamos redefinir as propriedades do campo EM ou reconhecer a presença de um diferente tipo de campo. Uma vez que a teoria EM está solidamente estabelecida, é mais razoável considerar a última possibilidade.

O esforço é promissor. Há um tipo de campo ondulatório que pode explicar a interação não local tanto em microescalas como em macroescalas, e ao longo de qualquer distância finita: é um campo de ondas escalares. As ondas escalares são longitudinais e não transversais, como as ondas EM, e se propagam com velocidades proporcionais à densidade do meio de propagação. Seu efeito, diferentemente das ondas EM, não diminui com a distância nem com o tempo.

Dadas essas propriedades, é plausível que o campo responsável pela interação não local na natureza seja um campo de ondas escalares. Uma vez que a velocidade de propagação dessas ondas é proporcional à densidade do meio em que se propagam, e uma vez que se sabe que o espaço é um meio de energia virtual superdensa, pode-se esperar que os escalares propaguem-se no espaço com velocidades supraluminais (maiores que a da luz). Desse modo, podemos compreender que a não localidade de sua interação estende-se ao longo de enormes distâncias.

PROPRIEDADES DO CAMPO GERADOR DE NÃO LOCALIDADE

Passemos agora a considerar as propriedades do campo gerador de interações não locais. Seguindo o método hipotético-dedutivo da construção de teorias em ciência, essas propriedades podem ser primeiro "inventadas", mas precisam em seguida ser testadas por observações. As propriedades podem ser consideradas verificadas quando elas fornecem a mais simples explicação consistente das observações.

Aplicamos esse princípio ao campo que presumimos gerar interações não locais na natureza. Atribuímos a ele as seguintes propriedades:

Universalidade (o campo está presente e ativo em todos os pontos do espaço e do tempo)

Efetividade não vetorial (o campo produz efeitos por meio de in--formação não vetorial)

Armazenamento holográfico de informação (a informação no campo é veiculada em uma forma distribuída, com a totalidade da informação presente em todos os pontos)

Propagação supraluminal de efeitos (o campo produz efeitos quase instantaneamente em todas as distâncias finitas)

Produção de efeitos por meio de ressonância por conjugação de fase (o efeito não local se deve à conjugação das ondas do campo com as dos sistemas com os quais elas interagem)

Supomos que a interação de um campo com essas propriedades com *quanta* e sistemas baseados em *quanta* — átomos, moléculas, células, organismos, ecologias e sistemas, até mesmo de dimensão cosmológica — produz interação não local dentro deles e entre eles.

Podemos descrever o processo por meio do qual esse campo cria interação não local entre *quanta* e sistemas baseados em *quanta* da seguinte maneira:

> *As ondas escalares do holocampo universal interferem com as ondas que emanam de quanta e de sistemas baseados em quanta, e a resultante interferência com conjugação de fase transfere informações do campo para os sistemas. Uma vez que o campo é universal e transmite informações no modo distribuído dos hologramas, e uma vez que as ondas do campo são escalares que se propagam quase instantaneamente no espaço, a transferên-*

cia de informações produz interações instantâneas ou quase instantâneas dentro de quanta e entre quanta e sistemas baseados em quanta ao longo de todas as regiões observáveis do espaço e do tempo.

4
Campos, Realidade Física e a Dimensão Profunda

A questão que nós agora levantamos refere-se à realidade física do campo gerador de interações não locais. É esse campo um elemento *bona fide* na natureza? Ao lidar com essa questão, a primeira coisa que precisamos fazer é avaliar a realidade dos campos conhecidos pela ciência. São esses campos elementos reais do mundo ou são entidades teóricas postuladas para facilitar a compreensão dos elementos reais?

A FÍSICA E O PROBLEMA DA REALIDADE FÍSICA

Indagar se podemos atribuir realidade física aos campos, do mesmo modo que o fazemos a qualquer outra entidade na ciência, é uma pergunta difícil para os cientistas, pois recai na categoria das perguntas "quase metafísicas" que, conforme se costuma julgar, é melhor deixar para os filósofos.

Ao longo de todo o século XX, cientistas teóricos, em particular físicos quânticos, preferiram lidar com o "como" dos fenômenos e colocar de lado perguntas relativas ao "quê". Eles se mostraram relutantes em considerar o que os *quanta* são "em si mesmos", contentando-se em explicar suas interações. De acordo com Eugene Wigner, ganhador do prêmio Nobel, os físicos deveriam correlacionar observações e não se preocupar com observáveis.

Essa foi uma estratégia útil nos primeiros dias da física quântica, pois permitiu que o trabalho de exploração prosseguisse de maneira pragmática, sem o fardo de exigir que as teorias se preocupassem com o mundo ao qual as observações se referiam. Dizia-se que o físico quântico Niels Bohr aconselhava seus colegas a colocarem totalmente de lado a filosofia: eles deveriam pendurar uma advertência na porta de seus laboratórios, informando: "Trabalho em andamento, proibida a entrada de filósofos".

Mas a estratégia pragmática tem levado a alguns paradoxos incômodos. Por exemplo, na teoria das cordas, a correlação das observações exigia que se considerasse mais de quatro dimensões no espaço-tempo: dez ou onze dimensões são exigidas pela matemática. Os teóricos das cordas supõem que havia esse número de dimensões por ocasião da origem do universo, mas, no período da inflação que se seguiu à explosão que criou o universo, todas as dimensões foram "sufocadas", com exceção das quatro que permaneceram. Porém, verificou-se que era difícil, se não impossível, "compactar" as dimensões extras sem provocar igualmente o colapso das quatro restantes.

Os paradoxos com que a teoria das cordas se defronta não se limitam ao problema das dimensões: eles também dizem respeito à realidade das próprias cordas. Com exceção da escola de Copenhague da mecânica quântica, a escola de Bohr, os cientistas supõem que suas teorias se referem a um mundo que existe independentemente de suas teorias. Esse mundo precisa ser concebível realisticamente, mesmo que esteja além do âmbito das concepções sobre a natureza da realidade compatíveis com o senso comum.

A teoria das cordas tem dificuldade para produzir um conceito que seja realista à luz de qualquer padrão. Cordas e supercordas são vibrações semelhantes a notas musicais. No entanto, notas musicais são produzidas por cordas vibrantes, tubos ou placas sonoras, e esses dispositivos são fisicamente reais. As cordas da teoria das cordas, ao contrário, flutuam no espaço-tempo geométrico de uma maneira não substancial, reminiscente do sorriso arreganhado do Gato de Cheshire. Temos o sorriso do Gato (a vibração), enquanto o seu corpo — o meio que vibraria e criaria os vários modos vibratórios — não é apreendido pela teoria.

A teoria das cordas nos diz que as modalidades vibratórias são geradas pelo tecido geométrico do espaço-tempo, uma vez que é o espaço-tempo que sofre o beliscar e o rasgar, à medida que as intersecções de buracos de Calabi-Yau definem buracos negros, buracos de minhoca e partículas elementares. No entanto, o espaço-tempo é um construto geométrico, e não é concebível que tal construto vibre e por sua vibração produza efeitos físicos. Como assinalou Roger Penrose, o problema da realidade da teoria das cordas é duplo: ela carece de um *background* geométrico e requer muitas dimensões não testáveis (Penrose, 2004).

Um paradoxo análogo emerge no âmbito do conceito de espaço-tempo de acordo com a teoria da relatividade. Na teoria especial, a luz é concebida como a propagação de correntes de fótons (ou, alternativamente, como a deformação da matriz espaçotemporal), mas a pergunta: "Propagação em quê ou por meio do quê?", ou "Deformação do quê?" leva a um paradoxo. Em um contexto concebivelmente realista, suporíamos que, se nós temos correntes de fótons ou sucessões de ondas viajando de um ponto do espaço para outro, então existe algo na natureza que se estende entre esses pontos e transporta as correntes de entidades ou as ondas. A teoria da relatividade geral chega perto de responder a essa pergunta, pois ela postula uma matriz quadridimensional que transporta sinais através do espaço. Nessa matriz, a gravitação é o fator principal; ela é dinamicamente análoga ao conceito de espaço de Newton. No entanto, o campo gravitacional para a relatividade geral é "independente do fundo". Os fenômenos que ela descreve ou postula não estão posicionados dentro de um fundo duradouro e realisticamente compreensível. Dada a insistência de Einstein em afirmar que sua teoria refere-se a um universo que tem existência independente, isso é paradoxal.

O fato de Stephen Hawking ter mudado sua visão, deixando o realismo básico, o qual sustenta que o universo existe independentemente das nossas teorias a respeito dele, e aderindo a um "realismo dependente do modelo", que nega uma teoria independente do observador e uma realidade independente da teoria, reflete a atitude predominante na comunidade da física (Hawking e Mlodinow, 2010). Mas o que dificulta ainda mais o realismo na física contemporânea é a persistente lacuna entre a descrição quântica da escala superpequena da realidade e os postulados relativistas sobre o universo. A força gravitacional não está satisfatoriamente quantizada, e a gravidade quântica não está unificada com a teoria quântica dos campos. Ainda não está claro se o universo constitui um *continuum* espaçotemporal uniforme ou se ele é intrinsecamente quantizado.

A realidade dos campos postulados na ciência é, na melhor das hipóteses, ambígua. Mas a questão relativa à realidade dos campos vai além do *status* dos próprios campos: todo o conceito de realidade que vigora na ciência contemporânea está em jogo. Se os campos, e as outras entidades postuladas na ciência, devem ser considerados como parte do universo real, precisamos de uma concepção de realidade física que seja consistente com os fatos observados e que ofereça a mais simples explicação consistente desses fatos. Tal concepção esteve presente na história do pensamento, e podemos precisar revivê-la no contexto da ciência contemporânea. A concepção assim requerida é a de uma dimensão profunda subjacente aos fatos observados.

O CONCEITO DE UMA DIMENSÃO PROFUNDA

Os campos, como já observamos, não são observáveis em si mesmos: somente os seus efeitos podem ser observados e medidos. Eles compartilham essa qualidade com todas as leis e regularidades da natureza. Observamos um universo que evolui e se realiza dinamicamente, mas não observamos as leis e regularidades que o "impulsionam". A causa e o efeito não podem se colapsar porque o efeito se manifesta, mas a causa não — ou só o faz indiretamente.

A metáfora útil para elucidar esse estado de coisas refere-se aos sistemas eletrônicos de processamento de informações. O *hardware* desses sistemas é observável, mas — pelo menos em sua operação normal — seu *software* não. O *software* é um conjunto de algoritmos programados dentro do *hardware*; é o que faz o *hardware* se comportar da maneira como se comporta. No seu uso cotidiano, só podemos deduzir a natureza, e até mesmo a existência, do *software* observando o comportamento do *hardware*.

A relação entre o *software* do sistema e o seu *hardware* se mantém com relação à realidade dos campos postulados na ciência. Observamos entidades do "mundo real" — *quanta* e sistemas baseados em *quanta* — e notamos que eles estão interconectados através do espaço, e possivelmente também através do tempo. Nós não observamos os próprios campos. No entanto, o fato de que os campos são invisíveis não é uma garantia para que nos recusemos a aceitar que eles possam ser reais. É uma garantia, por outro lado, para sustentar que eles existem em um plano da realidade que não é o mesmo que o plano de observação.

Os campos, e outras forças e leis reconhecidas pela ciência, podem existir em um plano ou dimensão da realidade que está "oculto" com relação à observação direta. Essa suposição tem importantes antecedentes históricos. Muitos filósofos sustentavam que o mundo observado tem raízes em uma dimensão real, mas não observável. Os filósofos do ramo místico da metafísica grega — os idealistas e a escola eleática (incluindo pensadores como Pitágoras, Platão, Parmênides e Plotino) — diferiam em muitos pontos, mas estavam unidos na afirmação de que há uma dimensão "oculta". Para Pitágoras, essa dimensão era o *Kosmos*, uma totalidade transfísica, sem rupturas, o terreno prévio de onde surge a matéria e a mente e tudo o que existe no mundo. Para Platão esse terreno era o reino das Ideias e das Formas, e para Plotino era o "Uno". Como afirmava o Sutra Lankavatara, na filosofia hindu, a realidade profunda é a "dimensão causal" que origina os fenômenos "grosseiros", cuja imagem encontra os olhos. O mundo que observamos é ilusório, efêmero e tem curta duração, enquanto a dimensão profunda é real, eterna e infinitamente imutável.

Na aurora da era moderna, Giordano Bruno introduziu o conceito de dimensão profunda no âmbito da ciência moderna. O universo infinito, dizia ele, é preenchido por uma substância invisível chamada *aether* ou *spiritus*. Os corpos celestes não são pontos fixos sobre as esferas de cristal das cosmologias aristotélica e ptolomaica, mas se movimentam sem resistência através dessa substância cósmica invisível animados por seu próprio impulso.

No século XIX, Jacques Fresnel retomou essa ideia e deu ao meio que preencheria o espaço, mas não seria observável em si mesmo, o nome de *éter*. O éter, dizia ele, é uma substância quase material, e por isso o movimento dos corpos celestes em seu seio ficaria sujeito ao atrito; ele não é observável em si mesmo, mas o "arrasto do éter" que ele produz deveria ser observável. Pouco depois da virada do século XX, Albert Michelson e Edward Morley testaram essa suposição. Eles raciocinaram que se a Terra se move através do éter, a luz que a alcança vinda do Sol deveria exibir os efeitos do "arrasto do éter": os feixes luminosos que se dirigem à Terra quando ela se movimenta em direção à fonte de luz deveriam alcançar a Terra mais depressa do que aqueles que a atingem quando ela está se afastando da fonte.

Eles mediram a velocidade da luz no sentido do movimento de translação da Terra, e também no sentido oposto ao desse movimento (e também na direção perpendicular à órbita da Terra), mas não conseguiram constatar nenhuma diferença. Portanto, esse experimento malogrou em detectar um arrasto do éter que revelasse a presença dessa substância. A comunidade dos físicos considerou isso como evidência de que o éter não existe, apesar da advertência de Michelson de que os experimentos refutavam apenas uma determinada teoria mecanicista do éter, e não o conceito de um meio invisível que preencheria o espaço e que poderia transportar a luz, bem como outros campos e forças.

Quando Einstein publicou sua teoria da relatividade especial, a teoria do éter foi descartada: já não era mais necessária. Passou-se a dizer que todo movimento no espaço — mais exatamente, no *continuum* espaçotemporal quadridimensional — ocorria relativamente a um dado referencial (ou sistema de referência). Ele não era concebido como movimento em relação a um pano de fundo fixo.

No entanto, o éter, como um plano não observável da realidade, mas subjacente aos fenômenos observáveis, retornou à física pela porta dos fundos. Físicos teóricos começaram a rastrear os campos e as forças da natureza até origens comuns em um campo unificado, e mais tarde em um campo grande unificado e, em seguida, em um campo supergrande unificado. Por exemplo, no modelo-padrão da física das partículas, as entidades básicas do universo não são coisas materiais independentes, mesmo quando são dotadas de massa; elas são parte da matriz unificada subjacente ao espaço. As entidades básicas da matriz são quantizadas: elas são *quanta* elementares ou compostos. Os *quanta* elementares incluem férmions (*quarks*, léptons e suas antipartículas) e bósons de calibre (ou de *gauge*) (fótons, bósons W e Z e glúons). Desde o outono de 2012, eles também incluem o previamente hipotético, mas agora experimentalmente confirmado, bóson de Higgs.

Os *quanta* podem ser descritos como ondas ou como corpúsculos. Na descrição ondulatória (frequentemente considerada a mais fundamental), os *quanta* são padrões em um campo que tem intensidade não nula, mesmo quando ele é aparentemente vazio. Nesse campo, as partículas adquirem massa por meio da interação com bósons de Higgs, as menores excitações possíveis do campo de Higgs. O campo de Higgs interage com campos das partículas proporcionalmente à energia transportada por esses últimos. Os campos das partículas, bem como o campo de Higgs, são manifestações de um campo fundamental extenso: o campo unificado, grande unificado ou supergrande unificado. Por essa razão, um campo em si mesmo não observável emergiu como a matriz fundamental do universo.

A descoberta, no outono de 2012, de um novo estado da matéria conhecido como estado FQH (que abrevia Fractional Quantum Hall, ou estado [do efeito] Hall quântico fracionário), enfatiza o conceito de que tudo o que nós experimentamos como "matéria" é uma excitação de uma matriz cósmica subjacente. De acordo com teorias apresentadas por Ying Ran, Michael Hermele, Patrick Lee e Xiao-Gang Wen, do MIT, todo o universo é composto de excitações que satisfazem às equações de Maxwell para ondas eletromagnéticas e às equações de Dirac para elétrons. Essas teorias reconhecem que em líquidos as posições dos elétrons são aleatórias e em sólidos elas são rigidamente estruturadas. No estado FQH, no entanto, as posições dos elétrons são aleatórias em qualquer dado instante, mas em um período extenso os elétrons "dançam" de maneira organizada. Diferentes padrões da "dança dos elétrons" produzem diferentes estados da matéria.

No modelo apresentado por Xiao-Gang Wen, do MIT, juntamente com Michael Levin, de Harvard (Merali, 2007), os elétrons — assim como outras partículas — são as extremidades de cordas que se movem livremente no meio subjacente, "como fios de macarrão em uma sopa". Essas partículas estão entrelaçadas em "redes de cordas". Os elétrons são as extremidades dessas cordas na rede que preenche o espaço. Os diferentes padrões no comportamento das cordas respondem por elétrons e por ondas eletromagnéticas, bem como pelos *quarks*, que compõem os prótons e os nêutrons, e partículas como os glúons e os bósons W e Z, que compõem as forças fundamentais da natureza.

De acordo com Wen, o vácuo quântico é um líquido constituído por redes de cordas. Partículas são excitações entrelaçadas — "redemoinhos" — no líquido de redes de cordas que permeia e preenche todo o espaço. O espaço vazio corresponde ao estado fundamental desse líquido, e as excitações que ocorrem acima do estado fundamental constituem as partículas.

O universo é um sistema que articula reticulado* e *spin* e é constituído pelas excitações que se manifestam como fótons e elétrons, e outras partículas (as quais, estando encaixadas na matriz, não são mais "elementares").

Os físicos descrevem o domínio subjacente onde se encaixam as partículas, campos e forças do universo recorrendo a vários nomes, entre os quais vácuo quântico, nuéter, campo do ponto zero, campo grande unificado, *plenum* cósmico ou líquido de redes de cordas. Entretanto, uma descoberta revolucionária, publicada em setembro de 2013, coloca em questão até mesmo esses conceitos quanto à sua adequação para descrever as interações físicas no universo. A nova descoberta — o objeto geométrico conhecido como *amplituedro* — sugere que o domínio que conhecemos como espaço-tempo não é a realidade fundamental. O amplituedro, uma representação matemática dessas relações, não está "no" espaço-tempo, mas "governa" o espaço-tempo — no sentido em que um programa de computador governa as entidades e relações desse programa. Parece que os fenômenos espaçotemporais são consequência de relações geométricas em uma dimensão mais profunda da realidade física.

O amplituedro é um desenvolvimento bem-vindo na física quântica dos campos, pois oferece uma enorme simplificação do cálculo das amplitudes de espalhamento nas interações entre partículas. Previamente, o número e a variedade de partículas que resultam da colisão de duas ou mais partículas (a amplitude de espalhamento dessa interação) era calculada pelos chamados diagramas de Feynman (diagramas originalmente propostos por Richard Feynman em 1948). Mas o número de diagramas exigido para o cálculo é tão grande que até mesmo interações simples não podiam ser totalmente calculadas até que poderosos computadores ficaram *on-line*. Por exemplo, a descrição da amplitude de espalhamento na colisão de dois glúons — que resulta em quatro glúons menos energéticos — exige 220

---

* No original, *lattice*, que é mais propriamente uma "treliça", estrutura rígida e coesa, um dos mais resistentes e firmes elementos estruturais da arquitetura, e não um reticulado flexível, como uma rede de pesca. (N.T.)

diagramas de Feynman com milhares de termos. Até os últimos anos, isso era considerado complexo demais para ser realizado até mesmo com a ajuda de supercomputadores.

Em meados da década de 2000, outra abordagem para o cálculo das amplitudes de espalhamento veio à tona. Padrões que emergiram na descrição dessas interações indicavam a presença de uma estrutura geométrica coerente. Essa estrutura foi inicialmente descrita como relações recursivas BCFW (Ruth Britto, Freddy Cachazo, Bo Feng e Edward Witten). Os diagramas BCFW abandonam variáveis como a posição e o tempo e as substituem por outras variáveis — estranhas variáveis chamadas "twistores" — que estão além do espaço e do tempo. Eles sugerem que no domínio do "não espaço-tempo", dois princípios fundamentais da física quântica dos campos — e da física contemporânea como um todo — não se sustentam, a *localidade* e a *unitariedade*. As interações das partículas não estão limitadas a posições locais no espaço e no tempo, e as probabilidades dos seus resultados não têm soma igual a um.

A descoberta do objeto geométrico chamado amplituedro é uma elaboração da geometria sugerida pelos diagramas BCFW de twistores. Essa descoberta, resultado de um trabalho elaborado por Nima Arkani-Hamed, do Instituto de Estudos Avançados, de Princeton, e por seu ex-aluno Jaroslav Trnka, sugere que o espaço-tempo não é uma realidade fundamental — podendo até mesmo ser inteiramente ilusória. Em vez disso, o espaço-tempo é resultado de relações geométricas que ocorrem em um nível mais profundo (Arkani-Hamed, 2012; Trnka, 2013).

Doravante, os físicos podem calcular as amplitudes de espalhamento de interações de partículas em referência a um objeto geométrico cujo número de dimensões é igual ao número de interações que ele descreve. Em princípio, um amplituedro multidimensional poderia permitir a computação da interação de todos os *quanta* existentes no espaço-tempo. E não somente dos *quanta*, mas também de todos os sistemas complexos constituídos por conjuntos integrados de *quanta* (organismos vivos, ecologias, sistemas solares, galáxias). Considera-se que essas interações são obtidas além do espaço-tempo: as características espaçotemporais, entre elas a localidade e a unitariedade, são consequências das interações.

Desse modo, um domínio além do espaço-tempo, familiar na história da ciência e da filosofia, volta à tona na linha de frente da ciência como a matriz imutável das entidades e eventos que povoam o espaço e o tempo.

5
O Akasha

A IDEIA DO AKASHA

O princípio segundo o qual o mundo observado é uma manifestação de uma dimensão mais profunda é agora redescoberto na linha de frente da física quântica dos campos. Não é uma novidade: sempre foi um dos elementos fundamentais da filosofia hinduísta clássica. O Samkhya, um dos mais antigos ensinamentos filosóficos da Índia, sustentava que há um compêndio de conhecimentos e informações conservado em um plano não físico da realidade, conhecido pelo nome de Registros Akáshicos.

Os *rishis* (videntes) hindus especificavam esse conceito como uma cosmologia madura. Eles sustentavam que não há quatro, mas cinco elementos no cosmos: *Vata* (Ar), *Agni* (Fogo), *Ap* (Água) e *Prithivi* (Terra) — e *Akasha*, descrito variadamente como espaço, brilho e luz que tudo abrange. O Akasha é o elemento fundamental. Ele mantém os outros elementos dentro de si, mas também está fora deles, pois está além do espaço e do tempo. De acordo com Paramahansa Yogananda, o Akasha é o pano de fundo sutil contra o qual tudo no universo material torna-se perceptível.

Em sua obra clássica *Raja Yoga*, Swami Vivekananda (1896) apresentou a seguinte descrição do Akasha:

É a existência onipresente, que tudo permeia. Tudo o que tem forma, tudo o que é o resultado de combinação, evoluiu a partir desse Akasha. É o Akasha que se torna o ar, que se torna os líquidos, que se torna os sólidos; é o Akasha que se torna o sol, a terra, a lua, as estrelas, os cometas; é o Akasha que se torna o corpo humano, o corpo animal, as plantas, todas as formas que vemos, tudo o que pode ser sentido, tudo o que existe. Ele não pode ser percebido; é tão sutil que está além de toda percepção comum; ele só pode ser visto quando se torna espesso, e toma forma. No princípio da criação, só existe o Akasha. No fim do ciclo, o sólido, os líquidos e os gases fundem-se todos novamente no Akasha, e a próxima criação, de maneira semelhante, sai desse Akasha (*Raja Yoga*, p. 33).

O Akasha não é meramente um elemento entre outros; ele é o elemento fundamental: a dimensão efetivamente real do cosmos. É aquilo que, em seu aspecto sutil, é subjacente a todas as coisas, e em seu aspecto espesso, torna-se todas as coisas. Em seu aspecto sutil, ele não pode ser percebido. Mas pode ser observado em seu aspecto espesso, situação em que se torna todas as coisas que emergem e evoluem no espaço e no tempo. O mesmo conceito está presente nos Upanishads: "Todos os seres surgem do espaço, e para dentro do espaço eles retornam: o espaço é, na verdade, o seu princípio, e o espaço é seu fim derradeiro". (Chandogya Upanishad I.9.1)
David Bohm (Nichol, 2003) enunciou um conceito idêntico:

O que experimentamos por meio dos sentidos como espaço vazio é o terreno para a existência de tudo, inclusive de nós mesmos. As coisas que aparecem aos nossos sentidos são formas derivadas e seu verdadeiro significado só pode ser visto quando consideramos o *plenum*, no qual eles são gerados e sustentados, e dentro do qual eles precisam, no final, desaparecer.

Na ciência contemporânea, o espaço é redescoberto como a matriz fundamental de onde surgem as coisas e os eventos manifestos do universo, a matriz na qual e através da qual eles evoluem, e dentro da qual eles voltam a descer.

O ESPAÇO-TEMPO HOLOGRÁFICO

Como vimos, a dimensão profunda foi reconhecida em várias cosmologias tradicionais, talvez mais notavelmente no conceito de Akasha dos antigos *rishis*. Na filosofia hindu, o mundo que experimentamos não é a realidade suprema: é somente uma manifestação dessa realidade.

Na cosmologia akáshica, acrescentamos um elemento a mais a essa aguçada e iluminadora percepção perene. Essa dimensão profunda, nós insistimos, está além do espaço-tempo. Ela cria o espaço-tempo holográfico no qual nós vivemos e que nós observamos. Essa concepção está recebendo atualmente significativo apoio experimental.

Evidências da natureza holográfica do espaço-tempo vieram à tona na primavera de 2013. Como foi relatado no periódico *New Scientist*, Craig Hogan, físico do Fermilab, sugeriu que as flutuações observadas pelo detector inglês-alemão de ondas gravitacionais GEO600 podem ter origem na granulação do espaço-tempo (como já observamos, de acordo com a teoria das cordas, na escala superpequena o espaço-tempo é padronizado por minúsculas ondulações: ele é "granulado"). O detector de ondas gravitacionais GEO600 de fato encontrou heterogeneidades na matriz que constitui o espaço-tempo, mas não eram ondas gravitacionais. Poderia ocorrer, indagou Hogan, que essas heterogeneidades fossem as ondulações que a teoria das cordas afirma que padronizariam a microestrutura do espaço-tempo? Esse poderia ser o caso se as micro-heterogeneidades fossem projeções em 3D de informações codificadas em 2D na circunferência do espaço-tempo. Nesse caso, poderíamos supor que os eventos dentro do espaço-tempo são projeções em 3D de informações em 2D codificadas na periferia.

A hipótese do espaço-tempo holográfico foi revivida para responder pela anomalia conectada com a "evaporação" de buracos negros. Na década de 1970, Stephen Hawking (1974) descobriu que, à medida que os buracos negros evaporam, as informações contidas neles se perdem. Todas as informações sobre a estrela que colapsou e se tornou um buraco negro desaparecem. Isso é um problema, pois a informação, de acordo com a física contemporânea, não pode se perder no universo.

Esse problema foi resolvido quando o cosmólogo Jacob Bekenstein, da Universidade Hebraica de Jerusalém, descobriu que a informação presente no buraco negro (uma quantidade igual à sua entropia) é proporcional à área superficial do seu horizonte de eventos, o horizonte além do qual a matéria e a energia não podem escapar. Os físicos mostraram que as ondas quânticas no horizonte de eventos codificam as informações presentes no buraco negro. Essas informações são proporcionais ao volume do buraco negro; desse modo, não há informações que deixariam de ser levadas em consideração e que se perderiam à medida que o buraco negro "evaporasse".

Leonard Susskind e Gerard't Hooft aplicaram o princípio da codificação de informações ao espaço-tempo como um todo. Eles destacaram o fato de que o espaço-tempo tem um horizonte de eventos que lhe é próprio: é a circunferência da área que a luz alcançou no período que transcorreu desde o nascimento do universo. Juan Maldacena demonstrou que as propriedades físicas de um universo 5D são idênticas à codificação de sua fronteira espaçotemporal 4D. A codificação ocorre em *bits*: cada quadrado planckdimensional* na fronteira codifica um *bit* de informação. Essa teoria resolve o problema da perda de informação pelo buraco negro no universo, mas não é observacionalmente verificável: os eventos na escala de Planck são pequenos demais para ser observados.

A aplicação da teoria da codificação holográfica à totalidade do espaço-tempo supera o problema da verificabilidade. Uma vez que o volume do

---

* Quadrado cujo lado mede um comprimento de Planck. O adjetivo "planckdimensional" indica a ordem de grandeza do comprimento de Planck, $1,6 \times 10^{-35}$ metro. (N.T.)

universo é maior do que a sua superfície (podemos calcular a diferença dividindo a área superficial pelo volume), segue-se que se os códigos 2D que projetam eventos 3D no espaço-tempo ocupam uma área planckdimensional sobre a superfície, os eventos tridimensionais que eles codificam precisam ser da ordem de 10^{-16} centímetro e não da de 10^{-35} centímetro. Eventos dessa dimensão maior são observáveis. Se as ondulações encontradas pelo detector de ondas gravitacionais GEO600 forem da ordem de 10^{-16} centímetro, elas poderiam ser ondulações na microestrutura do espaço-tempo. Observações realizadas por ocasião em que estas palavras estavam sendo redigidas indicam que este é realmente o caso.

Um apoio adicional à teoria do espaço-tempo holográfico ocorreu no outono de 2013, quando Yoshifumi Hyakutake e colaboradores, trabalhando na Universidade Ibaraki no Japão, computaram os valores da energia interna de um buraco negro, a posição do seu horizonte de eventos, sua entropia, e várias outras propriedades baseadas nas previsões da teoria das cordas e nos efeitos das partículas virtuais. Hyakutake, juntamente com Masanori Hanada, Goro Ishiki e Jun Nishimura, também calcularam a energia interna do cosmos de dimensão correspondentemente inferior, sem a gravidade. Eles descobriram que os dois cálculos levavam ao mesmo resultado (Masanori Hanada, Yoshifumi Hyakutake, Goro Ishiki, Jun Nishimura, 2013). Acontece que os buracos negros, assim como o cosmos em sua totalidade, são holográficos. A microestrutura do espaço é padronizada por ondulações em 3D, que correspondem a códigos em 2D na periferia do espaço-tempo, e, além disso, a energia interna de um buraco negro e a energia interna do cosmos correspondente de dimensão inferior são equivalentes. Isso sugere que o espaço-tempo é um holograma cósmico, e que os *quanta* e os sistemas constituídos de *quanta* são elementos intrinsecamente entrelaçados dele.

A dimensão que gera o espaço-tempo holográfico que nós experimentamos é o Akasha. Essa dimensão fora do espaço e do tempo abriga as relações geométricas que governam as interações de *quanta* e de todas as coisas constituídas de *quanta* no espaço e no tempo. É o que serve de alicerce aos campos e forças do mundo manifesto. O Akasha é o campo gravitacional universal que atrai as coisas proporcionalmente às suas massas; é o campo eletromagnético que transmite efeitos elétricos e magnéticos através do espaço; é o conjunto dos campos quânticos que atribuem probabilidades ao comportamento dos *quanta*; e é o holocampo escalar que cria interações não locais entre *quanta* e configurações de *quanta*. O Akasha é a integração de todos esses elementos em uma dimensão cósmica unitária que está além do espaço e do tempo. É a dimensão fundamental da existência, embora, no contexto cotidiano, esteja oculta.

PARTE DOIS

A Cosmologia do Paradigma Akáshico

Depois de delinear os fundamentos conceituais do novo paradigma na ciência, discutimos agora as implicações desse paradigma para a nossa compreensão do mundo — inicialmente em suas dimensões mais amplas. Incluímos nessa discussão os fenômenos da consciência. Em uma concepção baseada no paradigma Akáshico, a consciência é parte integral da totalidade coerente que os filósofos helênicos chamavam de *cosmos*.

6
Cosmos

Na ciência natural, a cosmologia é uma investigação empírica que se empenha em compreender as origens, a evolução e o destino das macroestruturas do universo com base na observação e no experimento. No contexto da filosofia, a cosmologia é uma investigação mais ampla: ela intercepta a metafísica (a ciência dos primeiros princípios, baseados na "física" fundamental do mundo) e a ontologia (investigação sistemática da natureza da realidade). Aqui, tomamos a cosmologia no contexto filosófico amplo, mas com a devida consideração pelas descobertas que vêm à luz na ciência natural.

NOVOS HORIZONTES NA COSMOLOGIA

As concepções sobre a natureza do cosmos têm mudado ao longo de toda a história. A teorização cosmológica tem sido altamente sensível ao paradigma escolhido. Quando esse paradigma era o mecanicista, a cosmologia resultante retratava o mundo como um mecanismo gigantesco. Quando o paradigma era o vitalista, a figura que emergia era a do mundo como um organismo cósmico. E quando o paradigma era o idealista, a realidade percebida aparecia como a manifestação de uma mente ou consciência cósmica.

Nos últimos 350 anos, a ciência ocidental foi dominada pelo paradigma newtoniano materialista. Cosmologias baseadas nesse paradigma concebiam o universo como um enorme mecanismo, funcionando com base na energia — a entropia negativa — com a qual ele fora dotado em seu nascimento. Acreditava-se assim que o universo estava, inexoravelmente, "perdendo a corda" e se dirigindo para o estado de entropia máxima, no qual nenhum processo irreversível é mais possível e, portanto, vida nenhuma pode mais vir à luz, nada de novo podendo mais acontecer, mas apenas a repetição de processos reversíveis.

No entanto, o estonteante mar de energia descoberto no nível quântico do universo desafiou o conceito newtoniano de um universo fechado que funcionava por meio de um mecanismo de relojoaria. Outro conceito emergiu em seu lugar, agora arraigado na percepção aguçada e iluminadora de que um meio (ou matriz) profundo, quase infinito, subtende o mundo que observamos. Na cosmologia do novo paradigma, identificamos essa matriz como o Akasha. Apresentamos aqui os princípios básicos da nova cosmologia na forma e na linguagem apropriadas para discorrermos sobre a natureza fundamental da realidade.

PRIMEIROS PRINCÍPIOS

O cosmos é um sistema integral que se realiza na interação de duas dimensões: uma dimensão profunda não observável e uma dimensão manifesta observável. A dimensão profunda é o Akasha: a "dimensão A". A dimensão observável é a dimensão manifesta ou "dimensão M". As dimensões A e M interagem. Eventos na dimensão M estruturam a dimensão A: eles alteram seu potencial para exercer efeito sobre — isto é, para "in--formar" — a dimensão M. A dimensão A "in-forma" a dimensão M, e a dimensão M, in-formada, exerce efeito sobre — "de-forma" — a dimensão A. As dimensões M e A não significam um cosmos dividido em dois. O cosmos é uno, mas para o observador ele é significativamente considerado sob um cabeçalho que tem duas dimensões: uma dimensão fundamental e uma dimensão experimentada. A diversidade de eventos na dimensão experimentada é uma manifestação da unidade que governa sua interação na dimensão fundamental. Esse é o princípio básico da cosmologia akáshica. Vamos agora elaborá-la mais detalhadamente.

As partículas e os sistemas de partículas que surgem na dimensão M interagem entre si bem como com a dimensão A. Cada partícula e cada sistema de partículas têm aquilo que Alfred North Whitehead chamava de "polo físico", por meio do qual eles são afetados por outras partículas e outros sistemas de partículas na dimensão M, e um "polo mental", por cujo intermédio eles são afetados pela dimensão A. Whitehead chamava esses processos de "preensões" — a ação do restante do mundo sobre as partículas e os sistemas de partículas no espaço e no tempo.

Como todas as coisas na dimensão M, seres humanos têm um polo físico e um polo mental. Nós "preendemos" o mundo em dois modos. Nós preendemos a dimensão M por meio dos campos e das forças que governam a existência no mundo manifesto e preendemos a dimensão A por meio das intuições espontâneas que Platão atribuía ao domínio das Formas e Ideias, Whitehead aos objetos eternos, e Bohm à ordem implicada. O primeiro modo corresponde aos efeitos reconhecidos do mundo externo sobre o nosso organismo, e o segundo modo corresponde às percepções profundas e iluminadoras e às intuições mais sutis que aparecem para a maioria de nós, mas que, em sua maior parte, são ignoradas no mundo moderno.

A dimensão M e a dimensão A estão relacionadas diacronicamente (ao longo do tempo), bem como sincronicamente (em um dado momento do tempo). Diacronicamente, a dimensão A vem primeiro: ela é o terreno gerador das partículas e dos sistemas de partículas que emergem na dimensão M. Sincronicamente, as partículas e os sistemas de partículas gerados estão ligados com a dimensão A por meio de interações bidirecionais. Em um sentido, a dimensão A "in-forma" as partículas e os sistemas que povoam a dimensão M. No sentido oposto, as partículas e os sistemas assim in-formados "de-formam" a dimensão A. Esta última não é o eterno e imutável domínio das Formas Platônicas, mas uma matriz dinâmica progressivamente estruturada pela sua interação com a dimensão M.

Partículas e sistemas de partículas na dimensão M não são entidades discretas, dissociadas umas das outras ou da dimensão A. Em última análise, as coisas que povoam a dimensão M são ondas semelhantes a sólitons, nodos ou cristalizações da dimensão A. É na dimensão A que elas se tornam reais, é com a dimensão A que elas "dançam" e coevoluem. E é na dimensão A que elas voltam a descer quando o universo completa sua trajetória evolutiva/involutiva no multiverso.

A METÁFORA DO MAR E DAS ONDAS

Recorremos a uma metáfora simples para ilustrar a relação recíproca entre as dimensões M e A. Referimo-nos ao mar. Se não há vento nem outro tipo de perturbação, sua superfície é tranquila e suave. Mas assim que alguma coisa perturba a superfície, ondas aparecem sobre ela. Essas ondas não são realidades separadas: elas são parte do corpo da água — elas são suas manifestações superficiais. Se nós nos concentramos nas ondas, vemos trens de ondas se propagando, interagindo e criando padrões complexos. No entanto, as ondas são padrões produzidos pelo corpo de água que forma o mar. As ondas não estão *no* mar ou *sobre* o mar; elas são ondas *do* mar. Elas são a manifestação da realidade do corpo de água.

Acrescentamos um elemento a mais a essa metáfora: o elemento da interação. O corpo de água forma as ondas que aparecem na sua superfície, e as ondas, por sua vez, deformam o corpo de água. Aqui, o corpo de água é a dimensão A, e as ondas que aparecem na sua superfície são eventos na dimensão M.

AS ORIGENS DA COERÊNCIA NO UNIVERSO

Recentes modelos cosmológicos concebem o universo como um ciclo em um "multiverso" mais vasto e, possivelmente, infinito. O universo que habitamos não é "o" universo, mas apenas um universo "local".

O fato de ser um ciclo em um multiverso mais amplo oferece uma explicação cogente da coerência que caracteriza nosso próprio universo. Nosso universo é espantosamente coerente: todas as suas leis e parâmetros estão ajustados com uma precisão de sintonia fina para a emergência da complexidade. Se o universo fosse — mesmo em um grau mínimo — menos coerente do que é, a vida não seria possível e nós não estaríamos aqui para indagar como a vida evoluiu na Terra e possivelmente em outros lugares nas vastas extensões do espaço cósmico. Será que ela evoluiu por acaso? Ou por planejamento? A resposta mais plausível é que a coerência do nosso universo não se deve nem a uma boa sorte extrema nem a um planejamento sobrenatural. Ela se deve à *herança* transuniversal.

A hipótese da boa sorte extrema defronta-se com um sério problema de probabilidade. Embora a teoria dos grandes números permita que em um grande número de tentativas, até mesmo resultados que, de outra maneira, seriam improváveis têm uma probabilidade razoável de ocorrer, o número de tentativas necessárias para se atingir uma probabilidade significativa de que um universo coerente como o nosso venha a se manifestar é extremamente alto. O "espaço de procura" para essa seleção é o número de universos que são fisicamente possíveis, e, de acordo com algumas versões da teoria das cordas, esse número é da ordem de 10^{500}. Por outro lado, o número de "acertos" é extremamente limitado: apenas um punhado desse número vertiginosamente grande de universos possíveis é capaz de produzir vida; todos os universos restantes seriam biologicamente estéreis. E, no entanto, a vida evoluiu neste planeta, e também pode existir em outros planetas deste universo.

A hipótese do planejamento recorre à providência sobrenatural e incita à pergunta: "Planejamento pelo quê?" Ou "planejamento por quem?" Se a resposta afirma que o Planejador não faz parte do universo natural, o argumento se desloca para o domínio da teologia. Pode ser uma boa resposta, talvez até mesmo "a" resposta, mas discuti-la está além do âmbito e da capacidade de compreensão da ciência.

Por outro lado, a hipótese da herança — mais exatamente, a de que o nosso universo teria herdado suas propriedades geradoras de coerência de um universo precursor — está hoje bem articulada dentro do domínio da ciência. Sofisticados modelos cosmológicos emprestam uma medida de apoio teórico a ela. Um desses modelos é a cosmologia da gravidade [ou gravitação] quântica em laços [ou *loops*] desenvolvida por Abhay Ashtekar e uma equipe de astrofísicos do Instituto de Física Gravitacional e Geometria da Universidade Estadual da Pensilvânia (Ashtekar *et al.*, ed., 2003). A cosmologia da gravidade quântica em laços permite definir o estado que o nosso universo tinha antes do "Bang" que deu origem a ele.

O modelo-padrão não permite que se remonte nem sequer ao tempo que se seguiu imediatamente ao Big Bang: a matéria era tão densa então que as equações da relatividade geral não se aplicavam a ela. A matemática da gravidade quântica em laços permite agora "retrodizer"* quais foram as condições que reinaram no universo não apenas imediatamente após o seu nascimento explosivo, mas também antes dele. Nesse modelo, o tecido do espaço é uma urdidura tramada por fios quânticos unidimensionais. Nele, o *continuum* quadridimensional de Einstein é apenas uma aproximação; a geometria do espaço-tempo não é contínua, mas tem uma estrutura "atômica" discreta. Antes da explosão primordial, e durante ela, esse tecido foi rasgado, tornando dominante a estrutura granular do espaço. A gravidade converteu-se de uma força de atração em uma força de repulsão, e na explosão cósmica resultante, nosso universo nasceu.

As simulações da gravidade quântica em laços indicam que, antes do nascimento do nosso universo, havia outro universo, com características físicas semelhantes às do nosso. Ashtekar e seus colaboradores ficaram surpresos com essa descoberta e continuaram repetindo as simulações com diferentes valores de parâmetros. Porém, a descoberta se sustentava. Parece que o nosso universo não nasceu na singularidade conhecida como Big Bang e não irá acabar na singularidade de um Big Crunch [Gran-

---

* Ou seja, "fazer previsões sobre o passado". (N.T.)

de Implosão ou Grande Esmagamento]. O universo em que habitamos não é o "nosso" universo, mas um "multiverso", que contém um número indefinido de universos. Big Bangs e Big Crunchs são transições de fase no multiverso, transições críticas de universo para o seguinte, nas quais o espaço-tempo encolhe até dimensões quânticas. O componente material do universo prévio "evapora" em buracos negros e renasce novamente na expansão super-rápida que se segue ao colapso final. Em vez de um Big Bang que leva, no seu final, a um Big Crunch, temos Big Bounces [Grandes Saltos] recorrentes.

A teoria da herança entre universos sucessivos (isto é, entre sucessivos ciclos do multiverso) oferece, a respeito da coerência do nosso universo, uma explicação mais cogente do que a teoria da seleção aleatória ou o apelo teológico à providência sobrenatural. Cálculos baseados na cosmologia da gravidade quântica em laços emprestam à tese da herança um apoio significativo. Pelo que parece, na transição entre os ciclos sucessivos, os parâmetros e outras características físicas do ciclo precedente não são cancelados, mas, de algum modo, afetam o ciclo seguinte.

Cálculos realizados por Alejandro Corichi, da Universidade Nacional do México (Corichi, 2007), mostram que um "estado semiclássico" de um dos lados do Grande Salto atinge um pico em um par de variáveis canonicamente conjugadas, e essas variáveis limitam vigorosamente as flutuações do outro lado. A variação nas flutuações em ambos os lados é insignificantemente pequena (10^{-56}) até mesmo para um universo de 1 megaparsec, e torna-se ainda menor para universos maiores.

A hipótese da herança transcíclica é compatível com algumas versões da teoria das supercordas. Uma forma evoluída da teoria M requer onze dimensões: dez dimensões de espaço e uma de tempo. De acordo com Brian Greene, nosso universo é um "conjunto de três branas" encaixado em uma paisagem de cordas maior, que consiste em muitos conjuntos de três branas ("branas" são entidades espacialmente extensas e matematicamente definidas que podem ter qualquer número de dimensões). As branas colidem e criam um ricochete. Essa dinâmica impulsiona a evolução dos ciclos do universo no multiverso.

Como discutimos no Apêndice I, vários modelos cosmológicos adotam o conceito de uma matriz cósmica duradoura subjacente ao nascimento, à evolução e à involução*** do nosso universo e de outros universos locais. A hipótese da herança transcíclica sugere que esses universos não nasceram em uma condição de *tabula rasa*: graças à matriz cósmica subjacente, eles são "in-formados" pelo universo precursor que colapsou.

EVOLUÇÃO NO UNIVERSO

Evidências astronômicas e astrofísicas não deixam dúvidas de que a dimensão manifesta do cosmos — o espaço-tempo dos universos que emergem no multiverso — evolui ao longo do tempo. O conteúdo material desses universos é criado em Big Bangs e desaparece em Big Crunchs. No período intermediário, ele evolui em estrelas e galáxias, e atinge altos níveis de complexidade em superfícies planetárias fisicamente favoráveis.

A cosmologia akáshica acrescenta mais detalhes a esse modelo-padrão. As partículas que surgem em cada ciclo do multiverso evoluem no sentido de formar sistemas de partículas, mas não podem evoluir indefinidamente. A evolução em cada ciclo é limitada pelas condições físicas nesse ciclo. Os ciclos do universo são finitos, e as condições que eles fornecem não são indefinidamente propícias à persistência de sistemas complexos.

As condições térmicas e químicas em cada universo são convenientes para o desenvolvimento, a consolidação e a proliferação de sistemas complexos apenas durante a fase de expansão do universo. Quando a expansão atinge um ápice e dá lugar à contração, as condições físicas para o desenvolvimento de sistemas complexos tornam-se desfavoráveis. Durante a fase su-

---

* No original, *devolution*, palavra que, embora tenha o significado biológico de "degeneração", é, enquanto referência à teoria evolutiva, um neologismo criado pela banda norte-americana de rock *new-wave* Devo para expressar sua crença em que a evolução da espécie humana já atingiu o seu ápice, sendo que agora ela passou a "DEVOluir" e a reencaminhar a espécie novamente à condição de homem das cavernas. (N.T.)

percompactada em um universo em colapso, apenas os núcleos despojados dos átomos persistem; então eles também desaparecem, voltando a mergulhar no vácuo quântico, o *plenum* cósmico.

No entanto, o parto explosivo seguido pela expansão, seguida, por sua vez, pela contração e pelo colapso não descreve a gama completa da evolução que ocorre no cosmos. O cosmos é um multiverso de universos sucessivos, e a evolução de um universo é a evolução de apenas um ciclo no multiverso. Na teoria da herança transuniversal, as características físicas de um universo afetam as características físicas do universo seguinte.

Desse modo, um processo de evolução mais amplo se desdobra no cosmos. Em cada ciclo, a dimensão A de um universo in-forma a dimensão M, e a dimensão M in-formada de-forma a dimensão A. Por meio disso, uma curva de aprendizagem se mantém ao longo dos ciclos. A dimensão A é progressivamente de-formada, e progressivamente in-forma a dimensão M. Por conseguinte, os sistemas que povoam a dimensão M são cada vez mais in-formados pela dimensão A. Assim, eles atingem picos de evolução mais elevados em tempos iguais, ou picos de evolução iguais em tempos mais curtos.

Aonde leva esse processo? Se a sequência de ciclos produz evolução progressiva na dimensão M, e se essa evolução de-forma a dimensão A, a sequência de ciclos precisa, em última análise, atingir um zênite — um ciclo ômega final. Neste ômega, a dimensão A atualiza seus plenos potenciais para in-formar sistemas na dimensão M, e sistemas na dimensão M alcançam o pico mais alto da evolução que é fisicamente possível no espaço e no tempo.

PARALELISMOS COM A COSMOLOGIA HINDU

A interação delineada na cosmologia do paradigma Akáshico entre uma realidade fundamental duradoura (a dimensão A do multiverso) e um mundo transitório dos fenômenos (os universos manifestos no multiverso) foram antecipados na cosmologia hindu. Para o pensamento hindu clássico, as coisas e formas quase infinitamente variadas do mundo manifesto são reflexos da unicidade no mundo não manifesto mais profundo. Nesse nível, as formas das coisas existentes dissolvem-se no estado sem forma, os organismos vivos existem em um estado de pura potencialidade, e funções dinâmicas condensam-se em quietude estática. Todos os atributos do mundo manifesto fundem-se em um estado além dos atributos. Tempo, espaço e causalidade são transcendidos em um estado de puro ser: o estado de Brahman.

Brahman, embora indiferenciado, é dinâmico e criativo. Do seu "ser" supremo provém o "vir a ser" temporário das coisas do mundo manifesto, com seus vários atributos, suas funções e suas relações. O *samsara* do ser-ao-vir-a-ser, e em seguida do vir-a-ser-ao-ser, é o *lila* de Brahman: seu jogo de criação e dissolução. A realidade absoluta de Brahman e a realidade derivada do mundo manifesto formam uma totalidade interconectada: juntas, elas constituem a *advaitavada* do cosmos. Brahman é a realidade fundamental. As coisas que aparecem no mundo manifesto têm realidade secundária — confundi-las com o real é a ilusão de *maya*.

Na cosmologia akáshica, a dimensão A toma o lugar de Brahman: é a realidade suprema do cosmos. Os universos que evoluem e involuem no espaço e no tempo são manifestações do Akasha, a duradoura matriz do multiverso. Eles são a inspiração e a expiração de Brahman — a inflação e a deflação do universo criado em Akasha e por Akasha.

7
Consciência

Seria a consciência um fenômeno universal, uma parte da realidade do cosmos? Ou estaria ela limitada às espécies vivas, e possivelmente apenas à espécie humana? Todas essas alternativas foram afirmadas na história da filosofia. Escolher entre elas, assim como com relação a outras questões sobre a natureza da realidade, precisa ter por base a consistência e a coerência do esquema por meio do qual os fatos observados se ligam conjuntamente.

O novo paradigma oferece um esquema simples, consistente e coerente que pode ligar de maneira conjunta os fatos relativos à realidade "material" do cosmos e os fenômenos "imateriais" da mente e da consciência.

O PROBLEMA CORPO-MENTE

A consciência está presente em associação com o cérebro humano, quer ou não ela também esteja presente nas longínquas extensões do cosmos. O problema clássico é o de saber como essa consciência está relacionada com o cérebro humano, e, por meio do cérebro, com o restante do mundo.

O cérebro e a mente são elementos da experiência humana. Experimentamos coisas que parecem materiais ao nosso redor, e experimentamos o fenômeno aparentemente imaterial que chamamos de mente ou consciência. Essas experiências não podem ser inteiramente independentes;

ambas são parte do fluxo da experiência humana. Mas como a experiência da "matéria" está relacionada com a experiência da "mente"?

Embora a experiência da matéria e a experiência da mente sejam partes do fluxo da experiência humana, são partes fundamentalmente diferentes. Diferem na maneira como aparecem e também diferem na maneira como podem ser acessadas. A matéria, pelo que parece, pode ser vivenciada por todas as pessoas, e talvez por todos os sistemas dotados com alguma forma de sensibilidade às suas vizinhanças. Por outro lado, a consciência é uma experiência intensamente privada, disponível apenas ao sujeito experimentador. Como filósofos céticos apontaram, a existência da consciência em outras pessoas é uma conjectura baseada em nossa própria experiência da consciência. Mas será que, *de fato*, a matéria tem uma realidade independente, e que a consciência também está associada com *outras* coisas, diferentes do cérebro humano? Essas questões têm sido debatidas durante milênios, e embora nenhuma resposta definitiva tenha aparecido, as principais posições que poderiam fornecer uma resposta se cristalizaram. Nós as enunciamos aqui sob os títulos de materialismo, idealismo e dualismo.

> Para o ***materialismo***, todas as coisas que existem no espaço e no tempo são materiais — elas são feitas de uma substância chamada matéria.
> Para o ***idealismo***, todas as coisas no mundo são mentais ou pelo menos semelhantes à mente. A mente e a consciência constituem a realidade básica do cosmos, e possivelmente a única.
> Para o ***dualismo***, tanto a matéria como a mente são reais. Os seres humanos — e, talvez, todas as coisas vivas — são materiais, assim como mentais.

Todas essas posições clamam por apoio empírico.

Os ***materialistas*** afirmam que o mundo ao qual a nossa experiência se refere é um mundo de coisas sólidas, como os átomos e moléculas, e as muitas coisas compostas de átomos e moléculas. Estas são as coisas materiais: elas são "matérias" em uma combinação ou em outra. A mente e a consciência são epifenômenos, subprodutos do cérebro, que é uma coisa material complexa em si mesma.

Os *idealistas* alegam que experimentamos o mundo por meio da nossa consciência, e que tudo o que conhecemos do mundo vem a nós por meio da nossa consciência. E nossa consciência consiste em um fluxo de percepções, volições, sentimentos e intuições, e embora algumas dessas coisas pareçam se referir a coisas fora da nossa consciência, no cômputo final não podemos estar certos de que não sejam apenas itens de nossa consciência. O filósofo Descartes analisou o fluxo da consciência humana e não conseguiu encontrar uma prova convincente de que há um mundo que existe independentemente dela. A única coisa de que ele não podia duvidar era do próprio ato de ela experimentar a si mesma: *cogito ergo sum*: penso, logo existo.

Os *dualistas* acreditam que tanto a matéria como a mente são elementos fundamentais do mundo. Quer a mente esteja ou não presente em todas as coisas ou apenas nos seres humanos, nestes ela está associada com o cérebro e com o sistema nervoso.

Apesar de todos os volumes que foram escritos em defesa de uma ou de outra dessas três alternativas, a relação entre um cérebro material e uma consciência imaterial permanece um problema não resolvido. O filósofo David Chalmers (1995) chamou isso de o "problema difícil" das pesquisas sobre a consciência.

> Por exemplo, quando vemos, experimentamos sensações visuais: a qualidade sentida da vermelhidão, a experiência do claro e escuro, a qualidade da profundidade em um campo visual. Outras experiências estão de acordo com a percepção em diferentes modalidades: o som de um clarinete, o cheiro da naftalina. Depois, há sensações corporais, das dores aos orgasmos; imagens mentais que são conjuradas internamente; a qualidade sentida da emoção; e a experiência de uma corrente de pensamento consciente. O que une todos esses estados é o fato de que todos eles são estados de experiência. (Chalmers, 1995)

Encontrar-se em um estado em que experimentamos o fluxo qualitativo de sensações é fundamentalmente diferente de observar os estados de uma entidade material como o cérebro. Como poderia essa entidade material produzir o fluxo imaterial que conhecemos como nossa consciência? Mas como poderia uma entidade material produzir algo imaterial?

O "problema difícil" contrasta com os "problemas fáceis" da pesquisa sobre a consciência. Por exemplo, nossa capacidade para discriminar, categorizar e reagir a estímulos ambientais é um problema relativamente fácil porque, em princípio, ele pode ser resolvido em referência a mecanismos computacionais neurais e artificiais. Quando o nosso cérebro se envolve com o processamento de informações visuais e auditivas, temos experiências visuais e auditivas. O mesmo vale para a nossa compreensão da maneira como o sistema nervoso acessa estados no nosso próprio corpo.

Mas o problema difícil permanece. Como pode uma rede de neurônios que processam sinais nervosos transmitidos pelos sentidos produzir a experiência sentida qualitativa? O filósofo Jerry Fodor (1992) escreveu que "ninguém tem a menor ideia de como algo material possa ser consciente, nem ninguém sabe sequer com o que se pareceria ter a menor ideia sobre como alguma coisa poderia ser consciente".

Encontrar uma solução para o problema do corpo-mente é, de fato, um problema difícil, pelo menos quando ele é apresentado à luz do velho paradigma. O paradigma Akáshdico oferece um arcabouço radicalmente diferente para esse problema. Ele sugere que o cérebro e a mente não existem no mesmo plano da realidade, na mesma dimensão do cosmos. O cérebro é uma parte do plano material da realidade: a dimensão M manifesta. A mente e a consciência, por outro lado, participam da, e essencialmente pertencem à, dimensão Akasha profunda.

UMA NOVA VISÃO DO LUGAR OCUPADO PELA CONSCIÊNCIA NO COSMOS

Já notamos que a ideia de uma dimensão real, mas oculta é uma das mais importantes nas cosmologias tradicionais. Também vimos que a mesma percepção aguçada tem vindo à tona nas mais recentes teorias científicas. A existência dessa dimensão profunda é a chave para encontrarmos o lugar da consciência no cosmos.

A ideia de que a consciência pertence a outra dimensão, uma dimensão mais profunda da realidade, onde todas as consciências individuais são uma mesma consciência tem sido frequentemente proclamada, e não somente por poetas e profetas. O físico Erwin Schrödinger disse que "o número total de mentes é apenas um... Na verdade, existe apenas uma mente" (Schrödinger, 1969). A consciência, ele acrescentou, não existe no plural. Em seus anos mais avançados, o psicólogo Carl Jung chegou a uma conclusão semelhante. Ele observou que a psique não é um produto do cérebro e não está localizada dentro do crânio; ela é parte do princípio gerador, criativo do cosmos — do *unus mundus*.

A cosmologia akáshica está plenamente alinhada com esses conceitos. Ela afirma que a consciência não é produzida pelo cérebro, e não é parte da realidade física do mundo manifesto. A consciência tem origem na dimensão A e ela se infunde no mundo manifesto interagindo com essa dimensão. As redes neurais do cérebro humano ressoam com as informações presentes na dimensão A. Em uma veia mais técnica, podemos dizer que o cérebro realiza o equivalente a uma transformada de Gabor com relação a sinais vindos da dimensão A: ele traduz as informações veiculadas nessa dimensão sob uma forma holograficamente distribuída em sinais lineares que afetam o funcionamento das redes neurais do cérebro. Essas informações — que são não locais — atingem primeiro as redes subneurais do hemisfério direito, e em seguida, se elas penetrarem até o nível da consciência, também atingem as redes neuroaxonais do hemisfério esquerdo. Uma vez que essas informações constituem uma tradução de informações holograficamente distribuídas na dimensão A, elas transmitem a totalidade das informações nessa dimensão. Desse modo, nosso cérebro está impregnado com a totalidade das informações que permeiam o cosmos.

Essa afirmação é teoricamente sensata, mas não é corroborada pela experiência. Claramente, nossa consciência não exibe todas as informações que existem no mundo. Mas isso não significa que tais informações não estariam disponíveis ao nosso cérebro; significa apenas que o nosso cérebro filtra todas as informações com exceção de um minúsculo segmento delas. No contexto cotidiano, só percebemos os aspectos do mundo que são importantes para a nossa vida e as nossas aspirações.

A censura do cérebro não significa uma limitação absoluta; em estados de consciência não ordinários, essa limitação pode ser, em grande medida, superada e as capacidades por ela bloqueadas imensamente expandidas. A experiência de psiquiatras e psicoterapeutas transpessoais mostra que em estados de consciência não ordinários, alterados, podemos receber informações vindas de quase qualquer parte do mundo, e de quase qualquer tempo. Pelo que parece, pelo menos em potencial, de fato nós temos acesso ao registro completo e permanente de todas as coisas no espaço e no tempo — isto é, podemos "ler" todos os "Registros Akáshicos".

O acesso expandido a informações akáshicas responde por vários fenômenos que, de outro modo, seriam enigmáticos. Explica a memória de longo prazo aparentemente completa que vem à luz em estados alterados, inclusive aquelas que acompanham experiências de quase morte. Nesses casos, nosso cérebro decodifica informações vindas do nosso próprio passado, trazendo à consciência parte do registro de nossas interações passadas com o mundo ao nosso redor. Também explica experiências transpessoais. Uma vez que informações presentes na dimensão A são informações não locais holograficamente entrelaçadas, também deveríamos ser capazes de "ler" alguns elementos das consciências de outras pessoas. As descobertas de psicólogos transpessoais, médiuns e indivíduos sensitivos e particularmente dotados de talentos naturais comprovam que essa afirmação não é exagerada. Pelo que parece, podemos — e, às vezes, de fato conseguimos

— ler a consciência de outras pessoas, quer elas estejam vivas atualmente ou quer tenham vivido em algum tempo no passado.

Aqui, as profundas e aguçadas percepções da espiritualidade, em seus lampejos iluminadores de uma realidade atemporal, convergem com as mais recentes descobertas no campo das pesquisas sobre a consciência. As percepções dessa natureza que estão emergindo atualmente são, ao mesmo tempo, espirituais e científicas. Elas podem ser brevemente encapsuladas nas seguintes considerações:

Eu, um ser humano consciente, não estou limitado ao meu corpo. Sou um sistema material (matter-like) na dimensão manifesta do mundo, e um sistema mental (mind-like) na dimensão Akáshica. Como um sistema material, sou meu corpo, e sou efêmero. Mas, como um sistema mental, sou minha consciência, e sou parte da dimensão profunda do mundo. Sou onipresente e imortal, uma parte não local da totalidade infinita do cosmos.

PARTE TRÊS

A Filosofia do Paradigma Akáshico

Nesta parte do livro, vamos deslocar nossa abordagem, transferindo-a de uma mudança mais ampla do mundo para uma mais modesta, embora ela ainda seja uma visão abrangente da humanidade como uma espécie consciente que emerge da teia da vida sobre este planeta e interage com ela.

A filosofia do paradigma Akáshico projeta uma luz revigorada sobre questões perenes humanamente importantes, tais como a natureza, o alcance e o âmbito da nossa percepção do mundo, as origens da vitalidade inerente em nosso corpo, a extensão e os limites da liberdade humana, e a objetividade, bem como o significado, da aspiração humana para obter o valor mais elevado, que os filósofos chamavam de "o Bem".

8
Percepção

O paradigma Akáshico recupera uma antiga, iluminadora e aguçada percepção: a da presença de uma dimensão profunda no cosmos. Essa dimensão, a dimensão A, é o registro e a memória de todas as coisas que experimentamos; ela conecta todas as coisas com todas as outras coisas; ela conserva os traços de tudo o que já aconteceu e "in-forma" tudo o que irá acontecer.

No contexto da experiência humana, a dimensão akáshica profunda é uma fonte de intuições, vislumbres cognitivos, ideias criativas e súbitos lampejos perceptivos. Esses elementos de nossa experiência não receberam crédito no mundo moderno; nós, usualmente, os ignoramos ou reprimimos. Porém, fazer isso tem por base uma compreensão equivocada da natureza do mundo, e dos potenciais de nossa percepção do mundo.

DOIS MODOS DE PERCEBER O MUNDO

A compreensão que atualmente está emergindo na linha de frente das pesquisas sobre o cérebro e a consciência nos diz que nós temos duas fontes de informações que chegam a nós vindas do mundo, e não apenas uma. Recebemos informações da dimensão M manifesta, bem como da dimensão A profunda. As informações que recebemos da dimensão M estão sob a forma de propagações ondulatórias no espectro eletromagnético e no ar. E as informações que recebemos da dimensão A estão presentes sob a forma de propagações ondulatórias no nível quântico. Sinais vindos da dimensão M são recebidos por meio dos nossos sentidos, e os que vêm da dimensão A são processados pelas redes decodificadoras no nível quântico de nosso cérebro sem passar pelos sentidos.

A experiência cotidiana é dominada por informações transmitidas pelos cinco sentidos: as visões, os sons, os cheiros, os sabores e as texturas do mundo que nos circunda. Até recentemente, a maioria das pessoas, inclusive cientistas, acreditava que essas informações eram as únicas que recebemos do mundo. Isso reduziu o âmbito da nossa experiência à elaboração de dados sensoriais. Novos desenvolvimentos na linha de frente da neurociência mostram que o conceito clássico é excessivamente estreito; ele ignora um elemento essencial da experiência humana.

A informação sensorial é processada por neurônios conectados por meio de sinapses na rede neuroaxonal do cérebro. Essa rede é apenas um dos sistemas que processam informações vindas do mundo: há uma enorme hierarquia de redes abaixo desse nível, as quais se estendem cobrindo todo o caminho até dimensões quânticas. As redes subneurais do cérebro são construídas com proteínas do citoesqueleto organizadas em microtúbulos. As redes microtubulares estão estruturalmente conectadas umas às outras por meio de ligações de proteínas, e funcionalmente conectadas por meio de junções *gap*, ou junções comunicantes. Operando na escala do nanômetro, o número de elementos nessas redes subneurais excede substancialmente o número de elementos na rede neuroaxonal: há cerca de 10^{18} microtúbulos subneurais no cérebro, em comparação com "apenas" 10^{11} neurônios.

Os microtúbulos, polímeros cilíndricos da proteína "tubulina", são componentes importantes do citoesqueleto da célula. Eles formam automontagens, estruturas intracelulares que criam e regulam sinapses, e promovem a comunicação entre estruturas da membrana e genes no núcleo da célula. Eles diferenciam-se e remodelam-se continuamente, atuando como o sistema nervoso da célula.

O neurofisiologista Stuart Hameroff e o físico Roger Penrose propuseram uma sofisticada teoria do processamento de informações pelas redes microtubulares do cérebro (Hameroff, 1987; Penrose, 1996; Hameroff, Penrose, *et al.*, 2011). O processamento de informações no nível dos microtúbulos aumenta a capacidade de processamento de informações do cérebro. Em vez de apenas alguns *bits* sinápticos por segundo, 10^8 tubulinas por neurônio comutando coerentemente no domínio de 10^6 hertz produzem em potencial 10^{14} *bits* por segundo por neurônio.

Processos que ocorrem no nível quântico estendem a capacidade de processamento de informações do cérebro até o nível básico do universo. Além do nível dos átomos, temos o nível de Planck, com uma geometria de 10^{-33} centímetro. Esse é o nível da estrutura fina do espaço, com granulação, flutuação e informação. O detector de ondas gravitacionais GEO600 registrou uma espécie de ruído fractal que emanava de flutuações nessa escala. As flutuações se repetem a cada poucas ordens de grandeza e de frequência, desde a escala de Planck, de 10^{-33} centímetro e de 10^{-43} segundo, até a grandeza e o tempo biomoleculares: 10^{-8} cm e 10^{-2} seg. Em frequências superiores, tais como nos domínios de 10 kHz, megahertz, gigahertz e terahertz, o processamento de informações cerebrais envolve um número cada vez maior de microtúbulos e de conjuntos subneurais do cérebro e pode, em última análise, envolver todo o cérebro (Hameroff e Chopra, 2013).

O psiquiatra e pesquisador do cérebro Ede Frecska e o psicólogo social Eduardo Luna afirmaram que temos no cérebro dois sistemas distintos que processam informações: a rede neuroaxonal clássica e a rede microtubular de nível quântico (Frecska e Luna, 2006). A rede neuroaxonal nos dá o modo "perceptivo-cognitivo-simbólico" de perceber o mundo e a rede microtubular oferece um modo "direto-intuitivo-não local". O modo perceptivo-cognitivo-simbólico domina a consciência no mundo moderno;

informações processadas no modo direto-intuitivo-não local são, em sua maior parte, filtradas e removidas.

A percepção, pelo que parece, é seletiva em ambos os modos de processamento: o clássico e o quântico. O conjunto organizado de células nervosas do cérebro funciona como receptores de frequência distribuídos em muitas camadas, selecionando os sinais a que respondem. Por causa de condicionamentos ocorridos desde o início da vida, cada receptor é ajustado para responder a determinada frequência. O ato de "sintonizar" as informações que chegam ao nosso cérebro significa escolher e captar os padrões de frequência que nos são familiares de um oceano de padrões e de frequências que não são familiares e que por isso são ignorados.

Quando os receptores sintonizam determinadas frequências, é gerada uma resposta que indica reconhecimento de padrão. As redes de processamento de informações interpretam o padrão selecionado de acordo com a interpretação que foi estabelecida para ele. Ao sintonizar o mesmo padrão repetidas vezes, a interpretação estabelecida é reforçada.

A seletividade que se baseia em padrões repetidos é típica de todos os aspectos da nossa experiência: temos dificuldade para reconhecer, e até mesmo para perceber, padrões não familiares. Esse tipo de seletividade também opera em relação aos sinais do nível quântico processados pelas redes subneurais do cérebro. Para a maioria das pessoas do mundo moderno, as informações recebidas nesse modo não são familiares, são esotéricas e vagamente ameaçadoras, e são seletivamente filtradas.

FAZENDO A LEITURA DO CAMPO AKÁSHICO

Podemos tomar medidas efetivas para reduzir a censura seletiva da consciência desperta: para isso, podemos ingressar em estados de consciência incomuns. Alguns desses estados incomuns são obtidos espontaneamente: são estados hipnagógicos e hipnopômpicos, que marcam a transição entre o sono e a vigília. Outros estados incomuns podem ser propositadamente induzidos, por exemplo, por meio de movimentos rítmicos, sons ou imagens ritmicamente repetidos e o uso controlado de substâncias alucinógenas. Essas técnicas têm sido familiares a pessoas nas culturas tradicionais. Elas também são conhecidas e utilizadas por modernos psiquiatras e psicoterapeutas.

A contemplação calma da natureza e o desfrute da poesia, da música e da arte também podem produzir estados alterados de consciência. Um objetivo semelhante é obtido por meio de rituais religiosos. Cantilenas repetitivas, percussão de tambores e danças foram as principais maneiras de se induzir estados alterados em culturas tradicionais, e seu equivalente é a prática ritual da oração, com o fervor religioso intensificado por meio da repetição de palavras sagradas, preces ou invocações.

O yoga é uma disciplina antiquíssima dedicada a obter estados alterados de consciência. Ela inclui quatro práticas distintas para induzir tais estados: as formas familiares da meditação, conhecidas como o yoga do ser; o sentimento do amor, conhecido como o yoga do sentimento; a busca da compreensão, o yoga do intelecto; e o karma yoga, a mudança de atitude, que se diz objeto do yoga da ação.

Estados alterados de consciência podem ser catalisados por experiências traumáticas ou outras experiências que transformam a vida. Astronautas que tiveram o privilégio de ver a Terra a partir do espaço frequentemente relataram experiências que vão além do alcance dos seus sentidos corporais. Foi o caso de Edgar Mitchell, comandante do módulo lunar da Apollo XIV, o sexto homem a caminhar sobre a Lua. Enquanto estava no espaço, teve uma experiência epifânica que mudou sua vida. Em uma visão, a rede da vida na Terra lhe apareceu como uma totalidade interconectada. Ao voltar para a Terra, fundou o Instituto de Ciências Noéticas (Institute of Noetic Sciences).

Mitchell escreveu que a resposta à maneira como eventos espontâneos levam a percepções profundas e iluminadoras acompanhadas por modificações comportamentais significativas está no campo akáshico, onde elas são continuamente intensificadas por informações holográficas quânticas. As intuições que vêm à tona nessas experiências deveriam ser consideradas como o nosso primeiro e não como o nosso sexto sentido, pois esse sentido foi desenvolvido muito tempo antes que os seres humanos começassem a atribuir exclusivamente aos seus cinco sentidos corporais as informações que recebem (Mitchell, 1977).

Ingressar em estados alterados de consciência por meio de experiências incomuns ou da prece, da meditação, da experiência estética ou da contemplação da natureza exerce um efeito mensurável sobre o cérebro: sincroniza os hemisférios esquerdo e direito. Experimentos mostram que em estados alterados a atividade elétrica dos dois hemisférios torna-se harmonizada: padrões que aparecem em um deles ficam emparelhados com padrões que aparecem no outro. Isso contrasta com os estados de consciência ordinários, nos quais os dois hemisférios funcionam quase independentemente um do outro.

A harmonização das ondas cerebrais não está limitada ao cérebro de um determinado sujeito. Quando várias pessoas entram juntas em um estado profundamente meditativo, não são apenas os seus próprios hemisférios que ficam sincronizados, pois a sincronização estende-se a todo o grupo de meditadores. Em experimentos realizados por Nitamo Montecucco (2000), especialista italiano em pesquisas sobre o cérebro, onze praticantes de meditação profunda, em um grupo de doze indivíduos, obtiveram um nível de sincronização transpessoal que excedeu 90%. No entanto, os praticantes de meditação se sentaram com os olhos fechados, em silêncio, e não viram, nem ouviram e nem perceberam os outros.

Outro experimento que testemunha a transmissão não local de informações do cérebro de uma pessoa para o cérebro de outra foi realizado na presença deste escritor no sul da Alemanha e na primavera de 2001. Em um seminário em que participaram mais de cem pessoas, Günter Haffelder, chefe do Instituto de Comunicação e Pesquisas sobre o Cérebro, em Stuttgart, mediu os padrões de EEG da doutora Maria Sági, uma experiente agente de cura natural, juntamente com os de um sujeito do teste que se ofereceu entre os participantes. Esse sujeito permaneceu no salão do seminário, enquanto a agente de cura foi levada para um quarto separado.

A agente de cura e o sujeito ficaram ligados por fios conectados a eletrodos, e os seus padrões de EEG foram exibidos em um monitor no salão. Durante o tempo em que a doutora Sági estava diagnosticando e tratando do sujeito, as ondas do EEG dela mergulharam na região delta, entre 0 e 3 Hz, com algumas erupções de amplitude ondulatória maior. O sujeito estava sentado no salão em um estado meditativo leve e sem contato sensorial com a agente de cura. No entanto, em seu EEG, o mesmo padrão de onda delta emergiu depois de cerca de dois segundos (Sági, 2009).

A recepção de informações em estados de consciência incomuns pode atingir dimensões surpreendentes. De acordo com vários agentes de cura, psicoterapeutas e psiquiatras, as experiências de pacientes em estados alterados podem incluir contato espontâneo com pessoas, coisas e eventos aos quais eles não poderiam ter acesso nem experimentado por meio de seus sentidos corporais. Stanislav Grof constatou que, em estados alterados, pessoas experimentam um afrouxamento e uma dissolução das fronteiras de seu ego e um sentido de fusão com outras pessoas e outras formas de vida. Em estados profundamente alterados, algumas pessoas relatam uma expansão de sua consciência até uma medida em que ela abrange toda a vida no planeta. Indivíduos percebem locais, pessoas e eventos que eles dizem que haviam experimentado em vidas anteriores. Os chamados "fenômenos psi" ocorrem com maior frequência nesses estados, e habilidades telepáticas e clarividentes tendem a vir à tona.

Grof (2012) é claro a respeito da realidade das percepções em estado alterado. Depois de estudar experiências transpessoais durante mais de meio século, ele não hesita em afirmar que não tem dúvidas de que muitas dessas experiências, se não todas elas, são ontologicamente reais e não o produto de especulações metafísicas, da imaginação humana ou de processos patológicos no cérebro. Quem quer que duvidasse de sua autenticidade, escreveu Grof, teria de explicar por que essas experiências têm sido descritas por pessoas de várias raças e culturas e em diferentes períodos da História, e por que elas emergem nas sociedades modernas sob circunstâncias tão diversificadas quanto sessões de psicoterapia experiencial, meditação, traumas psicoespirituais e experiências de quase morte.

A teoria clássica da percepção precisa ser revisada. Recebemos dois tipos de informações vindas do mundo, e eles são processados por dois diferentes tipos de sistemas: informações vindas da dimensão M, que chegam aos nossos sentidos corporais e são processadas pela rede neuroaxonal do nosso cérebro, e informações vindas da dimensão A, que atingem diretamente o nosso cérebro e são decodificadas na rede das redes subneurais do cérebro.

Na época crucial da atualidade, precisamos de percepções aguçadas e iluminadoras e de intuições de unidade e de conexão. É essencial reconhecer — literalmente "re-conhecer" — que as informações holográficas integrais que chegam até nós vindas da dimensão Akáshica são tão reais quanto as informações sensoriais que nos alcançam a partir do mundo manifesto, e podem ocasionalmente ser ainda mais valiosas do que essas últimas.

9
Saúde

O paradigma emergente que se manifesta na atual revolução na ciência ultrapassa o interesse meramente científico: ele também tem implicações práticas. Uma dessas implicações — que é ao mesmo tempo a mais antiga e a mais revolucionária — refere-se à nossa saúde. A medicina do novo paradigma sustenta que a saúde do nosso corpo pode ser mantida, e restabelecida quando necessária, graças ao acesso a informações que recebemos vindas de Akasha.

A INFORMAÇÃO NO ORGANISMO

O corpo humano consiste em trilhões de células, e cada uma delas produz milhares de reações bioeletroquímicas a cada segundo. Essa enorme "sinfonia viva" é governada e coordenada com precisão, e tem por foco a suprema tarefa de manter o organismo em seu fisicamente improvável estado vivo. Governar e coordenar as reações que permitem ao organismo permanecer vivo é a função da informação que permeia o corpo. Nesse contexto, a informação não é um suplemento periférico de processos bioquímicos, mas aquilo que governa e coordena esses processos. A informação que governa o organismo é o que diferencia uma espécie de outra, um indivíduo em uma espécie de outros indivíduos, e um indivíduo saudável de um doente.

Ela também significa a diferença entre uma célula normal e uma célula cancerosa, um órgão saudável e um órgão doente.

Acreditava-se que a informação no corpo estivesse limitada à informação genética, e que essa informação genética está fixada para a duração de uma vida. Descobertas recentes em biologia e medicina indicam que esse não é o caso. A informação que governa funções orgânicas é mais complexa e abrangente do que o código genético no DNA, e não é rigidamente fixada, mas está aberta a adaptações e modificações. Até mesmo a informação genética é modificável. Embora a sequência de genes no DNA seja fixa, a maneira como essa sequência afeta o corpo é flexível: ela é governada pelo sistema epigenético, e o sistema epigenético é adaptativo.

A maneira como as células se reproduzem no corpo é igualmente modificável: o programa operativo dessas células muda em interação com o restante do corpo. Ocorre agora que a informação — a "programação" — das células também pode ser propositadamente modificada. Recentes descobertas em medicina (Biava, 2009) demonstram que as células-tronco no corpo podem ser reprogramadas. Se algumas dessas células são mutantes — só replicam a si mesmas —, reprogramando-as elas podem ser reintegradas ao restante do organismo. Quando são reprogramadas, as células cancerígenas, por exemplo, ou morrem em massa (por meio da apoptose, a morte celular programada) ou tornam-se partes funcionais do corpo. Substituindo células cancerosas e degeneradas por células-tronco reprogramadas, muitas formas de câncer e de doenças neurodegenerativas podem ser eliminadas. Essas doenças, que antes eram fatais, tornam-se enfermidades reversíveis.

O ATRATOR QI AKÁSHICO

De acordo com o paradigma Akáshico, as informações que coordenam as funções de um organismo vivo constituem um padrão específico no mar de informações da dimensão A. Esse corpo de informações governa a ação, a interação e a reação em todo o mundo manifesto. Ele também governa as funções do organismo vivo. É um modelo do funcionamento orgânico normal.

O modelo do funcionamento orgânico para as espécies vivas emergiu no decorrer da interação entre as dimensões M e A. A dimensão A, como dissemos, in-forma sistemas na dimensão M, e os sistemas M-dimensionais in-formados de-formam a dimensão A. A informação gerada nessa interação é conservada na dimensão A. A dimensão A é a memória da dimensão M; é o "Registro Akáshico" do mundo manifesto.

O mar de informações akáshicas inclui o padrão, específico da espécie, que é o "atrator" natural do funcionamento saudável para o organismo. Esse padrão resulta da interação de longo prazo de uma espécie com a dimensão A; é a memória duradoura dessas interações; e codifica as normas genéricas de espécies viáveis (veja Sági, 1998). Para os seres humanos, equivale ao *Qi* (ou *Chi* ou *Ch'i* ou *ki*) da medicina chinesa, ao *prana* da filosofia hinduísta, e à *energia vital* das artes de cura tradicionais do Ocidente. Sem o acesso a esse Qi, prana ou energia vital, erros nas interações, reações e transcrições celulares e orgânicas se acumulariam no corpo e levariam a disfunções progressivamente mais sérias e, por fim, terminais. Esse é, inevitavelmente, o caso — pois os organismos biológicos neste planeta são inerentemente mortais —, mas o acesso ao "atrator Qi" específico da espécie desacelera os processos degenerativos e permite que o organismo desdobre os potenciais plenos de sua vitalidade inerente.

IMPLICAÇÕES PARA A MEDICINA

A vida pode emergir e persistir no universo porque os sistemas vivos sintonizam informações na dimensão Akáshica e ressoam com elas. A doença e a disfunção são erros na maneira como um sistema vivo recebe e processa essas informações. Em muitos casos, esses erros podem ser corrigidos. Isso tem implicações importantes e, na medicina moderna, elas são amplamente inexploradas para a manutenção da saúde e da cura de enfermidades.

Em sociedades tradicionais, as pessoas fazem uso mais eficiente do atrator Qi akáshico para manter a sua saúde. Xamãs, curandeiros e curandeiras, agentes de cura e líderes espirituais eram notavelmente bem-sucedidos em salvaguardar a condição física das pessoas de suas tribos, aldeias ou comunidades. Os médicos modernos, por outro lado, são mais bem-sucedidos em curar doenças do que em salvaguardar a saúde. Sua abordagem da doença conta com meios artificiais: a introdução de substâncias sintéticas e de intervenções cirúrgicas. Graças a esses meios, a medicina moderna tem prolongado as expectativas de vida e produzido tratamentos para numerosas enfermidades. Mas as substâncias sintéticas e as intervenções artificiais produzem uma pletora de efeitos colaterais desnecessários e indesejáveis. Além disso, elas desviam a atenção dos poderes curativos das substâncias naturais e de uma harmonia mais íntima com os ritmos e os equilíbrios naturais.

Os métodos da medicina moderna têm o seu lugar e a sua utilidade, mas nem sempre são necessariamente a melhor maneira de manter a saúde e de curar doenças. Antes da manifestação da doença, há um colapso ou bloqueio de informações no organismo, e essas condições podem ser tratadas restabelecendo-se a ressonância com o atrator Qi akáshico do organismo. Fazer isso é tratar a causa da disfunção em vez de sua manifestação.

O paradigma Akáshico sugere que a primeira tarefa do praticante de medicina consiste em adaptar as interações M-dimensionais do organismo a uma recepção otimizada de informações vindas da dimensão A. Isso exige que se volte a atenção para as relações das pessoas com suas vizinhanças sociais, bem como naturais. Estresses e pressões na família e na comunidade prejudicam a capacidade do organismo para competir com condições adversas e para lidar com substâncias tóxicas em seu ambiente. Eles interferem com sua capacidade para estar em conformidade com as informações akáshicas e, portanto, diminuem a vitalidade do organismo.

Pacientes podem ser ajudados a "sintonizar" seu ambiente natural. O organismo é um sistema psicossomático em constante interação com suas vizinhanças. Ele é sensitivo a informações vindas da dimensão M, bem como da dimensão A. Ambos os tipos de informações têm importância vital para a saúde. No mundo de hoje, há uma necessidade urgente de se readquirir contato com a dimensão A. Quanto mais plena for a nossa conformidade corporal com o atrator Qi específico para a nossa espécie, maior será a nossa capacidade para resistir a substâncias tóxicas e a influências negativas.

Há métodos práticos para sintonizar o nosso corpo de modo a obter melhor conformidade com o atrator Qi akáshico específico da espécie. Dispositivos sofisticados medem o fluxo de energia e de informação no organismo. Alguns desses dispositivos também podem corrigir fluxos insuficientes ou bloqueados. Dispositivos eletrônicos como os escaneadores NES (Nutri-Energetic Systems, Sistemas Nutrienergéticos) do "campo do corpo humano", criados por Peter Fraser e por Henry Massey, registram fluxos de energia em todo o corpo, e a radiônica, sistema para analisar informações provenientes do campo do corpo (chamado de IDF, Intrinsic Data Field, Campo de Dados Intrínsecos), são tentativas para reorganizar os fluxos de informação do corpo.

O tratamento mais amplamente usado e que lança mão de informações para reequilibrar fluxos no corpo foi introduzido há mais de duzentos anos pelo pioneiro Samuel Hahnemann. Nesse método, chamado homeopatia, a substância medicinal é altamente diluída. Em aplicações acima da potência "D23", é provável que nem uma só molécula esteja presente no material ingerido — e, no entanto, na maioria dos casos, o remédio se comprova eficaz.

Desenvolvimentos atuais baseados na descoberta de Hahnemann incluem a "medicina psiônica", praticada pela Sociedade Laurence de Medicina Holística, na Inglaterra (2000). Os membros dessa sociedade são médicos conceituados que usam um pêndulo para obter um diagnóstico e determinar o medicamento. Essa prática — que não é necessariamente comunicada aos pacientes — funciona no modo remoto: basta uma "testemunha" — uma amostra de cabelo ou uma gota de sangue — para estabelecer uma conexão entre agente de cura e paciente. Outro método baseado em informação é a "nova homeopatia", desenvolvida pelo agente de cura vienense Erich Koerbler. O método de Koerbler faz uso de uma varinha rabdomântica especialmente planejada para obter informações sobre a condição do paciente e para prescrever um medicamento. A agente de cura húngara, a doutora Maria Sági, desenvolveu um diagnóstico sofisticado e um sistema terapêutico que faz uso da varinha de Koerbler. O método que ela usa funciona igualmente bem na proximidade do paciente e em qualquer distância dele. (Veja a troca de ideias com a doutora Sági no Capítulo 13.)

Homeopatia, medicina psiônica e nova homeopatia são três dos muitos métodos atualmente desenvolvidos — ou há pouco redescobertos — que identificam falhas nos fluxos de informação que percorrem o corpo e ajudam a reequilibrá-los. Seu poder de cura não reside no reequilíbrio de um ou de outro fluxo de informação, mas no fato de que os fluxos de energia reequilibrados permitem às pessoas entrar em ressonância com — ou sintonizar melhor — seu atrator Qi akáshico.

A informação que governa o funcionamento orgânico saudável está disponível a todos nós. Quando essa informação é acessada, ela pode corrigir bloqueios, colapsos e disfunções. A aplicação do paradigma Akáshico à medicina evoca novamente a presença desse método tradicionalmente bem conhecido, mas atualmente quase esquecido de autocura natural.

10
Liberdade

Há mais liberdade humana no mundo do que uma ciência baseada no velho paradigma nos levaria a crer que existisse. Somos parte orgânica de um universo não localmente interconectado e interagimos não apenas com sua dimensão manifesta, mas também com sua dimensão Akáshica. Isso nos dá um grau de liberdade muito maior do que a interação realizada apenas com a dimensão manifesta.

Não há liberdade absoluta para qualquer sistema em um mundo interconectado. A liberdade absoluta pressupõe uma total ausência de laços com relação ao restante do mundo, e neste universo isso é impossível. Mas a liberdade absoluta não apenas não é possível, como também não é desejável. A liberdade não reside em estar "livre de" influências externas, mas em estar "livre para" agir da maneira como decidimos agir com relação a elas. Neste último sentido, temos um grau significativo de liberdade até mesmo em um mundo interconectado e interativo.

O ALCANCE DA LIBERDADE HUMANA

A liberdade no mundo não é nula nem é plena; é uma questão de grau. O alcance da liberdade é determinado por fatores externos, bem como internos. Os fatores externos limitam o âmbito do comportamento. Com relação aos seres humanos, eles reduzem a faixa das ações pretendidas ao que é fisicamente — e também psicológica e socialmente — exequível. Os fatores internos são elementos de liberdade. Eles permitem que um organismo vivo selecione a maneira pela qual ele atua a partir da faixa de caminhos possíveis. O peso relativo dos fatores externos *versus* os fatores internos diferencia entre a liberdade de uma ameba de se mover em relação ao seu suprimento de alimento e a liberdade de um ser humano para escolher a maneira como deseja viver. Para a ameba, os fatores externos são dominantes, enquanto para o ser humano os fatores internos ganham em importância. Em sistemas biológicos complexos, o elemento de autodeterminação pode ser altamente significativo.

Embora, em espécies menos evoluídas, informações recebidas do mundo externo encontram-se principalmente na forma de um "sentimento" indiferenciado do mundo, nas espécies mais evoluídas o mundo é percebido por meio de um rico fluxo de informações que podem ser acopladas com uma ampla gama de respostas. Em um ser humano, esse fluxo é posteriormente diferenciado como uma série de percepções articuladas com elementos conscientes, bem como subconscientes, racionais bem como emotivos. Isso oferece um âmbito para uma ampla gama de respostas.

No novo paradigma, reconhecemos informações que nos atingem vindas do mundo manifesto, bem como da dimensão akáshica. Selecionamos nossa resposta às informações que nos atingem vindas dessas duas dimensões. Admitimos em nossa consciência algumas dessas informações como percepções *bona fide* do mundo e excluímos outras informações como irrelevantes ou ilusórias. No mundo moderno, excluímos da consciência a maior parte das informações que nos alcançam vindas da dimensão A. Isso restringe o âmbito da nossa resposta ao mundo que nos circunda, o que, por sua vez, limita o alcance da nossa liberdade.

A INTENSIFICAÇÃO DO POTENCIAL HUMANO PARA A LIBERDADE

Como outros sistemas vivos, precisamos nos manter em um estado dinâmico afastado dos equilíbrios térmico e químico por meio da ingestão e do processamento de informações, de energia e das substâncias que foram produzidas com base nos *quanta* e que consideramos como matéria. Isso requer constante sensibilidade de alto nível para os fluxos vitais de informação, energia e matéria. A fim de que a nossa energia livre não se esgote e que a nossa vitalidade não fique prejudicada, precisamos selecionar os fluxos corretos no tempo correto e acoplá-los com as respostas corretas.

Quanto mais complexo for o sistema, mais decisiva será a seleção das informações às quais ele responde, bem como a seleção de sua resposta a ele. Obtemos esse "acoplamento estímulo-resposta" processando as informações que recebemos do mundo. Nossa liberdade é intensificada na medida em que essa informação é bem processada, isto é, na medida em que os sinais são adequadamente selecionados, claramente diferenciados e precisamente acoplados com respostas.

Um aspecto da nossa liberdade é a seleção intencional das influências que agem sobre nós. Outro aspecto reside na seleção da nossa resposta. Enquanto, em organismos comparativamente simples, as respostas aos estímulos externos são, em grande medida, pré-programadas, em seres humanos a resposta é condicionada por uma série de "variáveis intervenientes". Estas estão parcialmente, mas apenas parcialmente, sob nosso controle consciente.

Uma vasta gama de variáveis subconscientes ou não conscientes também determina nossa resposta às informações que nos alcançam. Essa grande faixa inclui preferências tácitas e valores não examinados, predisposições culturais e toda uma gama de tendências adquiridas ou herdadas, preconcepções e preconceitos. Eles mudam os fatores que determinam nossa resposta ao mundo com base na resposta que recebemos do mundo. Eles enfatizam o papel crucial desempenhado pelas visões de mundo, pelos valores e pela ética como elementos de autodeterminação humana e, portanto, de liberdade.

A consciência pode ampliar e estender o leque de nossa liberdade. Se adotarmos visões de mundo por nós conscientemente levadas em consideração, e aplicarmos conscientemente metas e valores em nossas vidas, nossa liberdade irá adquirir uma dimensão adicional, orientada por metas. E se nós não apenas permitirmos que a informação sensorial que nos conecta com o mundo manifesto penetre em nossa consciência, mas também que tenham acesso a nós as percepções e intuições mais sutis vindas da dimensão A, nós ampliaremos ainda mais o alcance e o âmbito efetivo da nossa liberdade.

Além das informações que se originam no mundo externo, também podemos responder às informações que nós mesmos geramos. Como seres conscientes capazes de pensamento abstrato e de imaginação, podemos lidar com eventos, pessoas e condições sem efetivamente vivenciá-los. Podemos responder a essas informações autogeradas da mesma maneira como respondemos a informações vindas do mundo externo. Podemos recordar o passado e imaginar o futuro. Não estamos limitados ao aqui-e-agora. Não só podemos reagir, mas também podemos pró-agir.

Esse elemento de nossa liberdade é amplamente expandido quando permitimos que as informações que nos chegam da dimensão A alcancem nossa consciência. Informações akáshicas são informações não locais, que poderiam ter se originado em qualquer lugar e em qualquer tempo, e que também poderiam dizer respeito a qualquer coisa ou evento no universo. Nosso contato com essas informações poderia levar-nos para além do aqui-e-agora, para o domínio do *todas-as-coisas-em-qualquer-momento*.

11
O Bem

Temos um potencial para a liberdade mais elevado do que qualquer ser neste planeta. Como seres humanos conscientes, podemos estar bem informados dessa liberdade e fazer dela um uso propositado. A questão que abordamos aqui refere-se a um uso humana e moralmente ótimo dessa liberdade.

A moralidade ingressa nesse discurso porque, se nós podemos escolher a maneira como agimos, temos a responsabilidade de escolhê-la com sabedoria. É evidente que podemos agir no sentido de maximizar nosso interesse próprio, isto é, nosso próprio egoísmo, e é isso o que a maior parte das pessoas está fazendo durante a maior parte do tempo. Mas também podemos agir com uma medida de altruísmo e de espírito público. Agir dessa maneira pode não ser contrário ao nosso egoísmo — pelo menos ao nosso egoísmo *esclarecido*.

O egoísmo nos faz procurar satisfação em nossos desejos e aspirações imediatos, mas se esses desejos e aspirações forem sadios, está tudo bem, pois nesse caso nossos desejos e aspirações coincidirão com os de outras pessoas. Em um mundo vigorosamente interconectado e interativo, o que é bom para um também é bom para os outros. Mas o que são os interesses e aspirações verdadeiramente esclarecidos?

O BEM

Filósofos estiveram debatendo o que é verdadeiramente bom no mundo durante mais de 2 mil anos. Nenhuma resposta definitiva emergiu disso. Na filosofia ocidental, a visão dos empiristas clássicos tem prevalecido: julgamentos sobre o bem e o mal são subjetivos; eles não podem ser decididos inequivocamente. No máximo, eles podem estar relacionados com aquilo que uma dada pessoa, uma dada cultura ou uma dada comunidade sustenta que é o bem. Mas isso também é subjetivo, mesmo que o seja em relação a um grupo: então, é intersubjetivo.

Na filosofia akáshica, nós podemos superar esse impasse: nós podemos descobrir critérios objetivos para o bem. Esses critérios não levam consigo a certeza da lógica e da matemática, mas são mais do que subjetivos ou intersubjetivos. São tão objetivos quanto possa ser qualquer afirmação a respeito do mundo. Eles se referem às condições que garantem a vida e o bem-estar em um universo interconectado e interativo. Essas condições podem ser brevemente delineadas.

Como já observamos, organismos vivos são sistemas complexos que vicejam em um estado afastado do equilíbrio termodinâmico. Eles precisam satisfazer a condições estritas para se manter em sua condição fisicamente improvável e inerentemente instável. O que é bom para eles é, antes de mais nada, aquilo que lhes permite manter-se nessa condição. A vida é o valor mais alto. Mas o que é preciso para garantir a vida de um sistema complexo neste planeta? Descrever todas as coisas que isso implica encheria livros e mais livros. Mas há princípios básicos que se aplicam a todos os seres vivos.

Todos os sistemas vivos precisam garantir um acesso confiável à energia, aos recursos materiais e às informações de que necessitam para sobreviver. Isso requer que haja sintonia fina entre todas as partes de cada organismo, e que isso possa servir a um só objetivo comum: manter o sistema como uma totalidade viva. A palavra *coerência* descreve a característica básica dessa exigência. Um sistema que consiste em partes ligadas por sintonia fina é um sistema coerente. Coerência significa que cada parte do sistema responde a cada outra parte, compensando desvios e reforçando ações e relações funcionais. Procurar coerência para nosso próprio eu é uma aspiração verdadeiramente sadia; ela é indubitavelmente boa para nós.

Mas em um mundo interconectado e interagente, a exigência por coerência não para no indivíduo. Organismos vivos precisam ser internamente coerentes com relação à sintonia fina de suas partes, mas também precisam ser externamente coerentes, com relações bem sintonizadas relativas a outros organismos. Em consequência, organismos viáveis na biosfera são tanto individual como coletivamente coerentes. Eles são *supercoerentes*. A supercoerência indica a condição na qual um sistema é coerente em si mesmo e está de forma coerente relacionado com outros sistemas.

A biosfera é uma rede de sistemas supercoerentes. Qualquer espécie, ecologia ou indivíduo que não seja coerente em si mesmo e que não esteja coerentemente relacionado com outras espécies e ecologias está em desvantagem com relação às suas estratégias reprodutivas. Ele se torna marginalizado e acaba desaparecendo, eliminado pelas impiedosas operações da seleção natural.

A grande exceção a essa regra é a espécie humana. Nas últimas poucas centenas de anos, e especialmente nas últimas décadas, as sociedades humanas tornaram-se progressivamente incoerentes tanto com relação umas às outras como com relação ao seu ambiente. Elas tornaram-se internamente divisivas e ecologicamente disruptivas. Apesar disso, elas puderam se manter e até mesmo aumentar suas populações porque elas compensam sua incoerência recorrendo a meios artificiais: elas fazem uso de tecnologias poderosas para equilibrar os males que elas forjaram. Isso, naturalmente, teve e tem seus limites. Enquanto, no passado, esses limites apareciam principalmente no nível local, hoje eles também vêm à tona na escala global. Espécies estão desaparecendo, a diversidade nos ecossistemas do planeta está diminuindo, o clima está mudando e as condições para a vida saudável são reduzidas. O sistema que caracteriza o domínio da humanidade sobre o planeta está se aproximando dos limites da sustentabilidade.

Hoje podemos dizer o que é verdadeiramente bom nesta época crucial. É a recuperação de nossas coerências interna e externa: nossa supercoerência. Esta não é uma aspiração utópica, pois pode ser atingida. No entanto, exige importantes mudanças nas maneiras como pensamos e como agimos.

O NOSSO DESPERTAR PARA "O BEM"

A luta efetiva pela conquista da supercoerência exige mais do que descobrir soluções tecnológicas criadas para remendar displicentemente os problemas criados por nossa incoerência. Ela exige nossa reconexão com uma mentalidade que as culturas tradicionais possuíam, mas que as sociedades modernas perderam. Essa mentalidade baseia-se em um profundo sentido de unicidade que nos conecta uns com os outros e com a natureza.

No mundo de hoje, muitas pessoas se sentem separadas umas das outras e do mundo. Os jovens chamam isso de *dualismo*. O predomínio do dualismo tem graves consequências. Pessoas que se sentem separadas tendem a ser autocentradas e egoístas; elas não se sentem conectadas com outras pessoas e não sentem responsabilidade por elas. O comportamento inspirado nesse sentido de dualidade cria uma competição de unhas e dentes, explosões de raiva e de violência irracional e degradação irresponsável do meio ambiente vivo. Essa mentalidade tem dominado o mundo moderno, mas há sinais de que ela está perdendo a força com que se agarra a indivíduos e sociedades.

Um número cada vez maior de pessoas, especialmente jovens, está redescobrindo sua unicidade uns com os outros e com o mundo. Eles estão redescobrindo o poder do amor — redescobrindo que o amor é mais do que o desejo pela união sexual, que ele é um profundo sentido de pertencer um ao outro e ao cosmos. Essa redescoberta é oportuna, e não é mera fantasia: ela tem suas raízes em nosso universo não localmente interconectado e que, holograficamente, caracteriza-se como uma totalidade.

O amor é o caminho que leva à supercoerência. Realizá-la intensifica a saúde, não apenas nossa saúde pessoal, mas também a saúde social e a ecológica. Ela promove e cria comportamentos e aspirações que são bons para nós, bons para os outros e bons para o mundo. A supercoerência é objetivamente boa. É o valor mais elevado, que os filósofos chamam de "O Bem".

PARTE QUATRO

Perguntas, Respostas e Reflexões

Um novo paradigma na ciência tem implicações que vão muito além dos limites da ciência; elas abrangem todos os aspectos da vida e das aspirações humanas. Exploramos alguns desses aspectos e algumas dessas implicações na Parte Três. Agora, na Parte Quatro, embarcamos em uma exploração de alcance ainda maior e de envergadura ainda mais ampla, entrando, para isso, em diálogo com criativos líderes do pensamento nos domínios da filosofia, da ciência, da mídia, das artes da cura e do ativismo prático, e escutando com atenção seus comentários.

12
Sobre o Significado do Novo Paradigma

Com Base em um Abrangente Diálogo com David William Gibbons
Historiador, Escritor e Cofundador da Universal One Broadcasting

David William Gibbons (D.W.G.): Hoje eu gostaria de falar sobre a nossa época e a transição que estamos experimentando coletivamente. Deveria, na verdade, talvez remontar à década que levou aos dias de hoje. Você escreveu muitos livros sobre esse assunto e tem muitos projetos em mãos. Qual é sua definição mais básica dessa transição, e como podemos testemunhá-la plenamente?

Ervin Laszlo (E.L.): Penso que estamos no fim de uma era, uma era baseada em uma consciência equivocada. Esta era — que começou há várias centenas de anos — é uma aberração na história da humanidade, e nela nós tentamos usar nossos poderes emergentes, poderes físicos, para manipular o mundo a fim de que ele fosse nosso e que pudéssemos usá-lo para os nossos próprios interesses imediatos. Por meio disso, nós subvertemos, gradualmente e cada vez mais, seus equilíbrios e a própria direção por onde progredia. A manipulação humana do mundo tornou-se realmente poderosa, com o poder combinado da tecnologia e das empresas, as quais chegaram a tomar o controle tanto da política local como da nacional. Atualmente, são as empresas globais que, em um sentido muito real, governam o mundo, servidas por uma mentalidade de consumidor. Essa é, portanto, uma aberração na consciência que guia a humanidade ao longo da história.

Esta época atingiu um ponto culminante nas últimas décadas, em particular na última, e com certeza desde o fim de 2012. Estamos agora testemunhando um salto, uma transição, uma transformação que se dirige para uma consciência, uma época, uma cultura e uma civilização em que as pessoas estarão mais em harmonia umas com as outras e com o nosso ambiente planetário.

D.W.G.: Você chamou essa época de transição de "A Aurora da Era Akáshica" em seu livro com esse título (Laszlo e Dennis, 2013). Nele, você fala sobre a era neolítica, há cerca de 10 mil anos, como a base para uma civilização humana que, pela primeira vez, desenvolveu talvez certo tipo de arrogância. Poderíamos chamá-la de uma antiga forma de consumismo. Ao longo de toda a série de diálogos profundos que estive conduzindo, estive atribuindo a emergência dessa arrogância, e o princípio do consumismo moderno, particularmente nos Estados Unidos da América, aos anos do pós-guerra. Mas você diz que, na realidade, esse consumismo, essa necessidade de poder por meio da riqueza financeira, tem estado conosco por 10 mil anos. O que você pensa a respeito disso?

E.L.: Eu não diria que a nova forma de consumismo é necessariamente o fator que desencadeia todos os nossos problemas. O que emergiu há 10 mil anos, no período neolítico, no Levante, naquela época que costumava ser chamada de o Crescente Fértil, foi uma crença. Na verdade, foi uma crença equivocada, a crença segundo a qual a humanidade está acima e além da natureza. Nós podemos domesticar animais como podemos domesticar plantas, mas não podemos domesticar a natureza. No entanto, com base nessa crença equivocada, nossos ancestrais começaram a ajustar a natureza que os cercava às suas necessidades. Mais tarde, Francis Bacon articulou essa "arrogância" quando disse que a nossa tarefa é extrair os segredos da natureza, arrancando-os de seu seio, a fim de usá-los para o nosso próprio benefício. No entanto, em vez de ajustar a natureza às nossas necessidades, o que nós precisamos é nos ajustar à natureza — e com isso estou me referindo a toda a teia da vida que abrange o planeta.

D.W.G.: No trabalho que eu faço eu me vejo conversando, cada vez mais, com membros de gerações que já estão bem assentadas em velhos caminhos. Em um sentido amplo, certamente eu me considero, em alguns aspectos, pertencendo a esse grupo, o qual inclui pessoas que se lembram bem de que, quando entraram na década de 1970, tinham uma calculadora Sinclair, e a história naturalmente se desenrola a partir daí. Estávamos eletricamente amarrados a uma via que, desde o nosso nascimento, nos encaminhava por um mundo altamente materialista. Quando falo com pessoas mais jovens (graduados em Berkeley, em Londres e em outras universidades), percebo que elas estão experimentando um efeito semelhante, mas oposto, considerado a partir de diferentes perspectivas e em tempos diferentes. É quase como se eles estivessem criando um equilíbrio entre duas gerações. Como isso pode funcionar? Como podemos modelar essa condição de modo que ambas as gerações possam trabalhar ativamente juntas a fim de encontrar esse equilíbrio?

E.L.: O equilíbrio emergirá se permitirmos que os processos de mudança se desdobrem. A mudança não vem do centro. Ela não vem das camadas dominantes ou da geração estabelecida. A mudança vem de fora, da periferia. Sabemos que isso acontece na natureza quando um ecossistema que abriga muitas populações fica desequilibrado. Darwin pensava que, em consequência disso, a espécie dominante sofre mutações para se adaptar às novas circunstâncias. No entanto, desde a década de 1980, sabemos que a espécie dominante não muda. Nenhuma espécie muda por si mesma. Com certeza, as mutações aleatórias que, segundo Darwin, constituíam o motor da evolução não podiam explicar esse fato, pois há um número demasiadamente grande de possibilidades de mudança. O espaço de busca para os atributos genéticos de uma espécie é demasiadamente grande para que uma mudança aleatória tenha uma oportunidade razoável de resultar em uma espécie viável. O que acontece é que a espécie dominante, a que forma a corrente principal, desaparece porque já não é capaz de se manter, nem de manter o sistema que ela dominou. Então, o espaço é aberto para que a mudança venha de fora, da periferia. A mudança está ocorrendo lá o tempo todo.

Até mesmo na sociedade, a mudança está vindo da periferia, de culturas alternativas e de indivíduos "mutantes". Você e eu somos agentes de mudança; todas as pessoas que pensam como você e eu são o que os biólogos chamam de um *monstro esperançoso*. São pessoas que sofreram mutação antes do tempo certo para isso, antes que o ambiente mudasse de tal maneira que eles poderiam tomar o controle como a espécie dominante. Alguns desses monstros esperançosos tomarão o poder, e alguns não poderão fazê-lo. Quanto a esses últimos, eles permanecerão apenas esperançosos. Em qualquer caso, e no ambiente atual, eles são monstros. Mas também podem não ser isso quando o mundo está mudando ao redor deles. Eles podem, nesse caso, tornar-se o padrão, a norma.

Sendo assim, não vejo a necessidade, ou nem mesmo a possibilidade real, de intervir ou de mediar entre o velho e o novo, entre a cultura/geração estabelecida e a emergente. Precisamos permitir que a emergente emerja. Quando ela o faz, ocorre uma revolução. Será uma revolução sem derramamento de sangue porque, em última análise, e basicamente, será uma revolução conceitual — uma revolução da visão de mundo, uma revolução de valores. Uma revolução do que fazemos por causa daquilo que percebemos que deveríamos estar fazendo. Há maneiras alternativas disponíveis de pensar e de agir, mas não para todos. As alternativas não estão lá para o bilhão e meio de pessoas que vivem abaixo da linha da pobreza, de acordo com estimativas do Banco Mundial. Eles apenas precisam sobreviver de alguma maneira. Mas qualquer um acima da linha da pobreza tem uma escolha com relação ao comportamento do consumidor, ao comportamento político e aos comportamentos social e cultural.

O fator mais importante reside com aqueles que se encontram em uma posição financeiramente confortável o suficiente para ser capaz de fazer tais escolhas. Se eles incluem os chamados "fazedores de opinião" ativos, então eles podem criar ideias, ideais e valores, que podem difundir. Eles podem influenciar outras pessoas pela maneira como eles próprios se comportam, como consumidores, como ativistas políticos e como cidadãos, por meio do que eles apoiam e do que aspiram. O que conta é o fato de que eles são abertos e criativos. Mas aqueles que governam o mundo atualmente não pertencem a essa categoria. Se eles não mudarem, estarão condenados à extinção. Eles derrubarão o sistema com eles ou sairão de cena a tempo de dar espaço para os jovens de espírito, os criativos, os imaginativos, permitindo que eles se movam para o centro do palco e criem um mundo no qual todos possam viver.

D.W.G.: Poderíamos olhar para trás, para a ascensão e queda do Império Romano ou do Império Britânico a fim de encontrar exemplos de mudança radical. De fato, poderíamos olhar para outros exemplos de colapso. De qualquer maneira, será algo que não se mostrará evidente no momento. Tal mudança tenderá a ser insidiosa, creio eu, especialmente se você a estiver vivendo na carne. Você não precisa necessariamente ver essas mudanças ou estar consciente delas, pois você está no meio delas. Mas há diferentes níveis e diferentes partes dessa jornada a serem transpostos, e eu suspeito que será ao longo dos próximos dez ou vinte anos que grande parte dessas mudanças se manifestarão e se esclarecerão.

Suponho que, em muitos aspectos, seria bom que esse objetivo se realizasse sem que ocorresse um completo colapso sistêmico. A questão é saber se isso será inteiramente possível, uma vez que os sistemas são muito dependentes das tendências do consumismo e dos sistemas financeiros existentes. Precisamos ser pró-ativos na compreensão do que devemos esperar e de como devemos lidar com esses fatores. Mas poderá ocorrer que nos próximos cinco, dez ou quinze anos haverá um colapso. É para um colapso que precisamos estar nos preparando?

E.L.: Um colapso estará vindo, quase certamente, nos próximos cinco, dez ou quinze anos. Mas se ele será um colapso global, e se ele será irreversível, isso ainda não podemos saber. Se pudermos ter uma crise percebida, em vez de uma crise vivida, então poderíamos começar a mudar sem ter de passar por um colapso. Dessa maneira, quando começamos a sentir que o telhado está caindo, na verdade não temos de sofrer com isso. Há uma reação visceral espontânea advertindo-nos de que isso vai acontecer. Eu não acredito que, para isso, nós tenhamos de prever o futuro. Certas tendências, quando elas entram em uma fase crítica, criam uma reação espontânea dentro de nós. Começamos a sentir uma crise se aproximando. As pessoas começam a sentir que algo dramático está prestes a acontecer. Isso é o que chamamos, eufemisticamente, de instinto coletivo. Um instinto de sobrevivência individual, assim como coletiva, é algo real, que tem a ver com aquilo com que o mundo se parece, com o novo paradigma e com a natureza interconectada do mundo.

O que está acontecendo agora no mundo é que ele se tornou "capaz de ser sentido" (*"feel-able"*), e está sendo sentido. Não é por acaso que há uma generalizada inquietação social e política, colapsos ecológicos locais, e até mesmo catástrofes tecnológicas. Há uma percepção crescente da necessidade de mudança e da real possibilidade de mudança, exceto para os reacionários que só querem preservar o velho sistema.

Ainda há algumas pessoas que pensam que você não pode mudar o mundo ou a natureza humana. Mas, com exceção dessas pessoas, há um entranhado movimento de mudança, que traz consigo uma crescente disposição para mudar. Há um movimento para nos reconectar com uma realidade mais ampla, com a realidade global da teia da vida neste planeta. A teia da vida é um sistema total, uma totalidade, que é sutil, mas efetivamente atuante e influente sobre aos seus membros. Essa ideia, de um todo que atua sobre suas partes, é conhecida na ciência como causação descendente. Os biólogos a descobriram décadas atrás. Não só as partes de um sistema influenciam o todo — que é a causação ascendente — como também o todo influencia todas as suas partes.

Por exemplo, o nosso cérebro tem consciência como um todo e essa consciência influencia a maneira como seus neurônios trabalham. Algo parecido está ocorrendo agora no nível planetário. O sistema da humanidade está respondendo à crise que ela está em vias de experimentar. Isso está impulsionando a humanidade para uma nova época, uma era diferente. A era atual está à beira da morte, dando seus últimos passos. Ela não funciona mais, e não pode mais nos levar a lugar algum. Isto é sentido por pessoas sensíveis, especialmente por jovens, o que os torna monstros esperançosos: monstros hoje, mas líderes de opiniões, ideias e pensamentos do mundo de amanhã.

D.W.G.: Sim, eles são os monstros esperançosos. Refiro-me a esse desenvolvimento como "cavalgar o dragão". Suponho que todos nós viajamos ao longo de diferentes oitavas e de diferentes experiências, seja como partes de uma geração mais antiga ou de uma mais jovem. Desprovido de ego, será que realmente haveria um momento em que você precisa falar sua verdade e estar na linha de frente enquanto segura as rédeas dessa transição? Isso pode ser vago, mas precisamos ser afirmativos às vezes, mesmo sendo — e reconhecendo — que somos partes do todo e inseparáveis dele. Quais são seus pensamentos a respeito?

E.L.: Se você tem uma mensagem capaz de encapsular a essência do problema, então você é moralmente obrigado a falar, a transmitir a mensagem, especialmente se sentir que a maneira como as pessoas recebem a mensagem ainda é, em grande medida, subliminal e inconsciente. Dado que as pessoas sentem a transformação que está se aproximando do mundo, mas não conseguem articular esse sentimento, a melhor maneira de transmitir sua mensagem é vivenciá-la: você deve "ser a mudança", como disse Gandhi. Em seguida, a mensagem irá se espalhar por meio de osmose e por empatia. Se as pessoas sentirem que você mudou, elas também começarão a mudar a si mesmas de maneira semelhante.

Há diferentes graus de eficácia e de obrigação no ato de irradiar e transmitir a mensagem, mas transmiti-la sem mudar a si mesmo não faz sentido. Só quando você mesmo mudou você pode motivar outros a mudar. O fator raiz é a evolução da consciência. Você não "faz" outras pessoas desenvolverem sua consciência. Você não lhes "ensina" o novo estado de consciência. As pessoas descobrem isso por si mesmas, com a ajuda da mudança em sua própria consciência.

Por consciência evoluída eu me refiro a uma nova mentalidade, a um novo conjunto de valores, um reconhecimento dos laços que nos unem uns aos outros. Ajudar pessoas a promover a evolução dessa nova mentalidade é a tarefa do professor genuíno, do verdadeiro guru ou mestre espiritual. É uma tarefa muito diferente da de um ditador, ou mesmo da do diretor de uma empresa, e isso até mesmo no caso em que executivos esclarecidos reconhecem que a consciência das pessoas precisa evoluir, e não reconhecer apenas que essas pessoas precisam obedecer a instruções que promovam essa evolução.

Um mundo sustentável e humano só pode ser uma democracia, mas o problema com a democracia é que as pessoas precisam governar, e precisam ter sabedoria para governar. Elas precisam ver a situação livres de inclinações políticas e de interesses egoístas.

Aqui uma metáfora nos ajuda a enxergar melhor: a espaçonave. Somos a tripulação de uma espaçonave natural em órbita ao redor do Sol. A maneira como operamos atualmente essa espaçonave não é sustentável: estamos esgotando a energia das suas baterias. Estou me referindo ao depósito de combustíveis fósseis da Terra. Também estamos esgotando os recursos materiais disponíveis, os recursos minerais e os recursos biológicos. Ao mesmo tempo, estamos acumulando lixo e sucata nessa espaçonave. Se continuarmos a fazer isso, acabaremos ficando sufocados e não teremos mais recursos suficientes para viver. É muito importante ter em mente esse tipo de metáfora, pois ele nos oferece um verdadeiro retrato da situação tal como ela realmente existe em uma escala planetária.

Vivemos em uma espaçonave natural. Com energia solar e de base solar, temos recursos energéticos quase infinitos. Mas estamos usando apenas uma pequena fração dessas energias. Ainda não percebemos que usar energias cujo fluxo é permanentemente disponível e recursos materiais recicláveis constitui uma precondição absoluta para a nossa sobrevivência coletiva. Precisamos reconhecer a necessidade de nos tornarmos parte do mundo. Optamos por estar fora do mundo, pensando erradamente que estamos acima e além dele. Agora, ou nós retornamos ao seu seio ou pagamos o preço das consequências — com a nossa existência coletiva.

D.W.G.: Qual é o principal motivo, a nossa principal intenção, quando estamos nos conectando com outras pessoas a fim de encontrar essa existência coletiva e de garantir que viajamos por essa transição com alguma forma de progresso? Isso porque, com certeza, esse processo todo não começa e termina com aquela conexão entre alma e coração? Tem de começar aí, além de qualquer outra coisa.

E.L.: Estamos todos conectados, intrínseca e permanentemente conectados. Esse é o novo paradigma, o paradigma Akáshico, que emerge na linha de frente das ciências. Nós só negligenciamos essa nova percepção iluminadora à custa de nosso próprio risco. Se pudermos abrir nossa mente e nosso coração à nossa unidade neste mundo, atingiremos a solução. A precondição para que isso ocorra consiste em permitir que a sabedoria que está em nós torne-se operacional. Essa sabedoria tem guiado as pessoas através das eras. Ela tem sido expressa de maneira simbólica como visão profética, que em seguida, muitas vezes, solidificava-se como dogma escrito. Desse modo, doutrinas religiosas tornavam-se sectárias e divisivas, fragmentárias em vez de universais. No entanto, a base de toda a sabedoria nas tradições culturais do mundo é a nossa conexão e a nossa unidade. Como podemos agir com base nessa sabedoria?

A única maneira pela qual podemos fazer isso consiste em agirmos conjuntamente em um nível profundo. Sentindo a nossa unidade, cooperando, tornando-nos coerentes. Não somos mais coerentes uns com os outros nem com o mundo ao nosso redor. As sociedades tradicionais possuíam coerência: elas eram totalidades, mesmo que lutassem umas contra as outras. Às vezes, eram violentas. Mas se sustentavam por milhares e milhares de anos, e isso porque tinham uma coerência básica. Essa coerência foi quebrada em nosso mundo moderno materialista, fragmentado. Cada um de nós quer fazer apenas o que interessa exclusivamente a si mesmo. O mundo lá fora é uma selva. Somos responsáveis somente por nós mesmos. Todos os outros são estranhos. Às vezes são aliados, mas, na maior parte das vezes, inimigos. Eles, com certeza, não são nós — nós e eles somos duas coisas. Isso é dualidade, o oposto de unidade. Precisamos encontrar nosso caminho de volta para o que realmente somos, uma parte intrínseca do todo, que é a humanidade como um todo, que é a teia da vida como um todo. Precisamos, mais uma vez, nos tornar coerentes com nós mesmos e com os outros ao nosso redor. Se fizermos isso, se nos movermos nessa direção, seremos agentes positivos de mudança neste mundo limitado e definido pela crise.

D.W.G.: Será que a coesão compartilha paralelismos com a colaboração? Mencionei Walter Russell, o equilíbrio rítmico, e Sophia — o feminino, que encontrou uma arrogância em si mesma, em consequência do que o masculino dominou por centenas ou milhares de anos até os nossos dias. Acho que esse é um ponto importante para tratarmos enquanto viajamos em direção ao fim da viagem, especialmente para aqueles que estão tentando determinar a relação entre o macho e a fêmea. Qual é esse equilíbrio? Qual é esse cuidado? O que é preciso fazer para trazer o feminino de volta não só ao próprio feminino, mas também ao masculino, a fim de realizar o nosso potencial para encontrar a unidade?

E.L.: O que é preciso? Eu diria que é preciso nos reconectarmos, perceber que somos um, que existe um sistema maior do qual nós somos parte. Somos parte de uma série de totalidades maiores, totalidades dentro de totalidades. O que é preciso fazer é recuperar o sentimento intuitivo de que somos parte disso, de que estamos conectados. Então, eu poderia dizer, transmitindo diretamente a mensagem: o que é preciso é amor, o profundo sentimento do amor, que nos abraça e nos entrelaça. O amor é o reconhecimento de que o outro não é o outro. O outro também sou eu, e eu sou o outro. O mundo não está além de mim, nem fora de mim; ele está dentro de mim, da mesma maneira que eu estou dentro do mundo. Não há fronteiras absolutas entre mim e o que eu vejo como o mundo. Só há diferentes gradientes de intensidade em nossos relacionamentos.

Eu posso estar mais estreitamente relacionado com os meus filhos e parceiros na vida do que com alguém que eu nunca conheci do outro lado do mundo. Mas eu sou aparentado com todos eles; só é uma diferença de intensidade. Em última análise, estou conectado com todas as pessoas, assim como estou conectado com a pessoa mais próxima a mim. Se eu amo a pessoa mais próxima a mim, então eu também amo todas as outras pessoas porque somos todos partes da mesma totalidade — somos partes uns dos outros.

Esta é a chave pela qual devemos procurar quando estamos indagando a respeito do caminho pelo qual devemos seguir. Não vejo sequer a mais remota possibilidade de se criar um mundo sustentável e florescente neste planeta a não ser que abracemos esse amor que abraça. Será que isso é idealista? É utópico? Normalmente, a resposta seria sim. Mas não é utópico em um período de instabilidade crítica, de crises iminentes. Nesse período, muitas coisas são possíveis, exceto manter o *status quo* e voltar ao passado. Abraçar o amor que tudo abraça não é nem uma coisa nem outra. Poderíamos ver isso talvez como o retorno a alguns grupos locais de pessoas que desenvolveram a coerência com base em seu amor uns pelos outros. Mas isso nunca aconteceu para a humanidade como um todo. No entanto, agora precisa acontecer, pois nos tornamos uma espécie planetária. Precisamos estender o abraço do amor que os membros das famílias sentem uns pelos outros a todas as pessoas no planeta. Fazer isso não é uma opção, mas uma necessidade. Acredito que seja possível. Podemos nos conectar uns com os outros de muitas maneiras; podemos estar cientes de nossa história compartilhada e saber que temos um futuro compartilhado. Podemos descobrir que somos todos uma só família. A utopia torna-se uma possibilidade neste momento crítico de nossa história.

D.W.G.: Os segredos do Divino Feminino, o poder do feminino e a volta ao equilíbrio — o que você diria que é importante no que se refere ao reconhecimento e à compreensão desse conceito?

E.L.: A coesão, a cooperação, a empatia, a instrução e o cuidado são, todos eles, valores femininos. Precisamos deles no mundo e precisamos reconhecer que esses valores desempenham um papel ativo na modelagem do mundo. Isso significa que aqueles que sustentam esses valores precisam ter mais a dizer neste mundo. O caminho que estrutura atualmente este mundo baseia-se em valores masculinos. Ele é orientado pelo poder, pelo curto prazo e pela autocentralização, ele é orientado para o acúmulo de riqueza como uma expressão de poder e para permitir e promover que os outros façam o que quiserem fazer. Estes são valores tipicamente masculinos. Eles vêm do passado das comunidades humanas, quando os machos saíam para caçar e as fêmeas ficavam em casa para cuidar da lareira, da família. Hoje, há uma necessidade básica para cuidar da família, da comunidade. No entanto, o mundo que criamos baseia-se na mentalidade do caçador, na mentalidade da violência, na mentalidade do poder. Precisamos injetar neste mundo valores mais afetivos e generosos, valores mais tipicamente femininos. Eu não estou me referindo aos valores das mulheres, quero dizer, aos valores que as mulheres, tipicamente, detêm mais do que os homens. As mulheres também podem reter valores masculinos. Na verdade, a maioria das mulheres que são bem-sucedidas no mundo de hoje — com o sucesso medido pelo dinheiro e pelo poder — atua com base em valores masculinos. Elas são bem-sucedidas nos negócios e na política exatamente por essa mesma razão. Mas as mulheres, tipicamente, sustentam valores mais femininos do que eles. Precisamos dessa espécie de valores tipicamente femininos no mundo. Eles precisam equilibrar a predominância de valores tipicamente masculinos.

D.W.G.: Chegamos ao fim da nossa viagem por hoje. Por que você faz o que faz?

E.L.: Não é uma motivação racional. Veja você que eu moro no campo, em um ambiente agradável. Eu poderia simplesmente ficar em casa e desfrutar a vida. Mas eu não faço isso — eu procuro significado e sentido no que estou fazendo em minha vida. Se eu passar um dia sem ter um pensamento positivo ou sem ter alguma interação com outras pessoas que eu considero positivas, eu considero esse um dia desperdiçado. Há tantas coisas que eu ainda preciso fazer.

D.W.G.: Então, eu não deveria sentir-me preocupado com o fato de que promover estes diálogos profundos é exatamente o que eu quero fazer, que é isso o que eu gosto de fazer.

E.L.: Você está fazendo algo que move o mundo na direção certa. Este é um mundo em evolução, um mundo que está inerentemente buscando a coerência, um mundo à procura de níveis de unidade e de unicidade cada vez mais elevados. Ou somos parte desse movimento no mundo ou optamos por estar fora dele. Podemos até mesmo ir contra ele. Essa é a liberdade de um ser humano. Mas se combinarmos a nossa liberdade com um sentido de responsabilidade por nós mesmos, pelos outros e pela natureza, então nós acompanhamos a evolução do mundo. Essa é a maneira de agir por meio do abraço, a maneira amorosa de seguir em frente, o caminho satisfatório — para mim pelo menos.

D.W.G.: Ervin Laszlo, muito obrigado.

# 13
A Cura por Meio da Dimensão A

Uma Troca de Ideias com a Doutora Maria Sági
Psicóloga, Agente de Cura e Diretora Científica do Clube de Budapeste

Ervin Laszlo (E.L.): A cura com informação, em vez de fazer uso de substâncias bioquímicas e métodos invasivos, é a abordagem "suave" da medicina. Ela não é uma alternativa à medicina convencional, mas um complemento fundamental dela, e cuja importância está tornando-se cada vez mais evidente. Fiquei convencido da possibilidade de tal cura porque ela se evidenciava como uma inferência lógica dos princípios do paradigma Akáshico, e essa convicção foi grandemente reforçada pela experiência que tive com o método de cura que você pratica. Mesmo antes de eu me deparar com a possibilidade da cura com informação, tanto proximal como a distância, você havia descoberto que tal cura funciona. Viemos de diferentes pontos de partida e chegamos ao mesmo destino. Sua abordagem é importante, pois fornece uma confirmação prática, experimental, da solidez dos princípios que constituem o paradigma Akáshico.

Como já observei no Capítulo 9, a cura deveria ser possível por meio das informações que recebemos da dimensão profunda do cosmos, que eu chamo de dimensão akáshica ou dimensão A. Você está praticando uma forma de cura que, me parece, usa precisamente esse tipo de informações. Eu gostaria de explorar com você como isso funciona. Permita-me fazer-lhe algumas perguntas. A primeira coisa que eu gostaria de saber é como você descobriu que há outro caminho de cura além do método-padrão da medicina ocidental.

Dra. Maria Sági (M.S.): Tive uma experiência que transformou minha vida e minha mente na época em que eu era uma jovem pesquisadora associada que trabalhava no campo da psicologia da música e da arte, e foi essa experiência que me fez entrar no caminho para a cura. A amizade e a curiosidade intelectual levaram-me a acompanhar uma amiga minha, a esposa de um colega de longa data, que teve alguns problemas de saúde. Eram problemas que resistiam ao aconselhamento médico padrão. Ela foi consultar um velho padre, que morava na região rural e tinha a reputação de curar por meios que iam além da prática usual da medicina moderna. O padre, Pater Louis, trabalhava com um pêndulo. Quando ele terminou de examinar minha amiga, ele me disse: "Querida filha, você é perfeitamente saudável, apenas o alho é um veneno para você". Naquele momento, Pater Louis estava de pé atrás de mim com seu pêndulo na mão. Eu não havia lhe pedido para que me examinasse, mas o que ele encontrara de maneira espontânea estava inteiramente correto. Como ele sabia que eu não tolerava alho, e todos os alimentos que contivessem alho? Essa intolerância sempre me acompanhou, até onde eu posso me lembrar. Perguntei a Pater Louis que tipo de dieta ele me sugeriria. Ele me disse para evitar carne, leite, pão e açúcar. Isso, mais tarde vim a saber, é precisamente a dieta macrobiótica. Eu a adotei, e minha vida mudou dramaticamente. Eu tinha mais energia, mais vitalidade, saúde mais robusta. Tornei-me uma discípula devota desse maravilhoso velho padre.

Comecei a ler sobre macrobiótica, bem como a literatura oriental sobre a cura a ela relacionada. Eu tinha uma boa base para a cura, pois estudei quatro anos de medicina na universidade. Comecei a estudar vários tipos de fitoterapia e radiestesia médica. Em seguida, fui para Amsterdã aprender macrobiótica no Instituto Kushi, e receber treinamento para lecionar e trabalhar como agente de cura, e estudei as obras de Rudolf Steiner. Parti para um caminho que me levaria para uma dupla carreira: ciências sociais e cura alternativa.

E.L.: Essa experiência que lhe transformou a vida e a mente deu origem à sua segunda carreira, mas como você continuou? Como você adquiriu o conhecimento e as habilidades que possui agora?

M.S.: Outras coisas surpreendentes aconteceram comigo. Quatro anos depois do meu encontro com Pater Louis, meu pai morreu. Naquela época, ele estava morando na Áustria e eu não tinha contato diário com ele. No entanto, depois que ele morreu, tive experiências notáveis, muito deprimentes e preocupantes. Muitas coisas sobre a minha relação com meu pai tornaram-se claras para mim. Isso confirmou minha suspeita de que além do mundo que vivenciamos, há outra dimensão, uma dimensão mais profunda. Conversando com meus amigos e fazendo pesquisas por conta própria, vim a compreender que nessa dimensão tudo está gravado e tudo pode ser novamente vivenciado. Isso me ajudou a compreender não apenas as experiências que eu tive logo depois da morte do meu pai, mas também como Pater Louis podia fazer o tratamento das pessoas que consultavam com ele quer elas estivessem à sua frente ou longe dele. Pois ele de fato tratava pessoas a distância: se uma pessoa não podia vê-lo pessoalmente, ela enviava uma foto sua e Pater Louis usava o pêndulo acima da foto assim como teria feito sobre a própria pessoa se ela estivesse presente. E funcionava tão bem quanto.

O próximo marco no caminho que me levou a me tornar uma agente de cura aconteceu quando tive a boa sorte de encontrar-me com o cientista e agente de cura austríaco Erich Koerbler. Ele desenvolveu um método de cura a que chamou de Nova Homeopatia. Koerbler diagnosticava a condição de seus pacientes de acordo com os princípios da medicina chinesa, usando uma varinha rabdomântica especialmente projetada, que oscila e indica a condição do paciente. Os oito diferentes movimentos da varinha permitiam a Koerbler obter uma imagem precisa e detalhada do estado de energia de seu paciente. Ele descobriu que seu método funciona graças ao campo eletromagnético (EM). Com a ajuda de sua varinha rabdomântica de um só braço, ele media a radiação eletromagnética que emanava do corpo de seus pacientes. Ele experimentou constantemente e descobriu que certas formas geométricas funcionam como "antenas" no campo EM do paciente. Essas formas afetam o corpo e podem corrigir informações falhas. Elas podem produzir uma condição mais saudável no corpo. O "sistema vetorial" de Koerbler situa os movimentos da varinha rabdomântica dentro de um sistema de coordenadas. A observação dos movimentos da varinha fornece indicações sobre a compatibilidade ou incompatibilidade de uma dada substância ou outro *input* no organismo do paciente. Substâncias e *inputs* que são compatíveis com o funcionamento saudável do organismo são indicados por um diferente conjunto de movimentos precisamente definidos. O movimento da varinha também indica a causa de um *input* prejudicial, e o quão sério ele é.

 Trabalhei com Koerbler durante três anos, e depois de sua morte inesperada continuei a ensinar seu método na Hungria, bem como na Alemanha, na Suíça, na Áustria e no Japão.

E.L.: O método de Erich Koerbler é notável e, como você constatou, notadamente eficaz. No entanto, é um método local; ele requer que o paciente esteja próximo do agente de cura. Mas, se não me engano, esse método, como o método de Pater Louis baseado no pêndulo, também pode ser usado a distância. Você pode me dizer se isso é verdade, e se for, como ele funciona?

M.S.: Deixe-me dar-lhe algumas informações básicas sobre como vim a praticar o método Koerbler tanto na abordagem proximal como na abordagem a distância.

Novidades sobre a eficácia do método de Koerbler continuavam a se difundir, e, após a sua morte, mais e mais pessoas se voltavam para mim à procura de ajuda. Muitos deles viviam em países estrangeiros e não podiam vir para me ver pessoalmente. Descobri que eu também podia tratá-los remotamente, usando sua fotografia.

Então, fiquei familiarizada com o método de cura praticado pelos médicos que são membros da Sociedade Médica Psiônica da Inglaterra. Eles usam um pêndulo para diagnosticar seus clientes e remédios homeopáticos para realizar uma cura. Um diagrama especialmente planejado contra o qual eles notam o movimento do pêndulo lhes dá a chave para o diagnóstico, bem como para a cura. Esta funciona de maneira semelhante ao sistema vetorial de Erich Koerbler, mas esses médicos tratam seus pacientes apenas a distância. Eles obtêm uma amostra de proteína tirada de seus pacientes — por exemplo, uma gota de sangue, alguns fios de cabelo — e com essa amostra eles obtêm os mesmos resultados que obteriam se estivessem examinando seus clientes em pessoa. Eu trabalhei com a Sociedade Médica Psiônica durante nove anos, e durante esse tempo adquiri um profundo conhecimento do seu método.

Nos anos que se seguiram, elaborei a técnica da cura remota usando as formas geométricas curativas de Koerbler combinando-as com o método da cura remota da Sociedade Médica Psiônica. Eu aplicava esse método combinado quando estava frente a frente com meus pacientes, assim como quando tinha apenas a foto deles diante de mim. Uma vez que eu examinasse o paciente em pessoa, eu também podia não precisar mais da foto: eu podia focalizar-me inteiramente nele em minha mente.

E.L.: Você diz que quando entra em contato com seus pacientes, você recebe informações sobre o estado corporal deles, e que essa informação chega até você através da dimensão Akáshica. Ela não poderia vir diretamente do paciente?

M.S.: Se fossem informações que viessem diretamente do corpo do paciente, seriam informações sobre sua condição atual. Mas eu posso receber informações sobre a condição do paciente vindas de qualquer momento de sua vida — mesmo que seja de logo depois do nascimento, e às vezes até mesmo antes disso, a partir do período de gestação no ventre. Eu posso concentrar-me em qualquer período que eu queira da vida do meu paciente e observar o movimento da varinha rabdomântica de Koerbler. Dessa maneira, posso localizar o período que é imediatamente importante para o problema de saúde dos meus pacientes —, pois a maior parte das nossas questões de saúde tem raízes em algo que aconteceu conosco em nossa vida. Muitas vezes, posso verificar a ocorrência de um evento que criou o problema de saúde recorrendo a fontes independentes — por exemplo, por meio da mãe do paciente, ou de outra pessoa que tenha testemunhado o dado acontecimento. Então, tento corrigir o efeito negativo dessa informação aplicando as formas de cura descobertas por Koerbler e desenvolvidas por mim. Se eu sou bem-sucedida, os sintomas do problema desaparecem em pouco tempo (por exemplo, neurodermite, ataques crônicos de tosse e os sintomas de resfriado comum), ou podem desaparecer em algumas semanas.

Ao proceder dessa maneira, trato a causa do problema e não suas consequências. Tratar as consequências — é o que faz a prática médica padrão — requer informações locais, informações sobre o estado atual do doente. Mas o tratamento da causa requer informações não locais, e elas só podem provir da dimensão A.

E.L.: Qual é sua compreensão do que está acontecendo quando você trata dos seus pacientes a distância, que, como vemos agora, pode ser distância no espaço e também no tempo? Como a informação que você envia pode efetivamente operar no corpo do paciente?

M.S.: Como você escreveu em seus livros, o campo de energia do indivíduo está em constante interação com a dimensão Akáshica. O organismo, como todos os sistemas de *quanta* e de *multiquanta*, está encaixado nesse *plenum* de maneira semelhante aos navios no mar. Há uma comunicação constante entre as redes receptivas do cérebro e os campos ondulatórios do *plenum*.

A comunicação de gerações e gerações de pessoas com a dimensão A cria o padrão específico da espécie. Dentro desse padrão genérico da humanidade há também o padrão específico de um indivíduo. Chamo isso de "padrão morfodinâmico" do indivíduo (Sági, 1998). A meu ver, cada indivíduo tem seu próprio padrão morfodinâmico. Esse padrão é inclusivo: ele codifica todos os eventos que afetam o indivíduo, entre eles o comportamento das redes neurais subjacentes à consciência. Por um lado, ele codifica as características do corpo físico, e por outro, as características da mente e da consciência. Os padrões morfodinâmicos do indivíduo constituem o atrator Qi akáshico para esse indivíduo.

O indivíduo é saudável e resiliente enquanto seu estado corporal estiver em conformidade com as normas do atrator Qi. Cada desvio do estado orgânico com relação às normas do atrator Qi significa um enfraquecimento da energia vital. É um prelúdio para a doença. Se não for corrigido, é seguido pela instalação efetiva da doença.

E.L.: Como o padrão morfodinâmico específico da espécie — o atrator Qi akáshico — produz saúde e cura para o paciente?

M.S.: Quando o agente de cura envia informações de cura ao paciente, ele reforça o ajuste, o "casamento", entre o corpo do paciente e o atrator Qi. Graças a esse ajuste reforçado, o sistema imunológico do paciente aumenta sua capacidade para manter suas funções corporais dentro dos limites da normalidade funcional — isto é, em uma condição de vitalidade e saúde.

E.L.: Essa maneira não local de diagnosticar a condição de uma pessoa e de curar seus problemas pode ser aprendida? Ela pode ser praticada por qualquer pessoa ou será necessário recorrer a um médico ou agente de cura qualificado?

M.S.: Como você sabe, ter acesso ao corpo e à mente de outra pessoa por intermédio da dimensão Akáshica é possível para todos. Mas a cura por meio desse contato requer um conhecimento seguro e eficiente por parte do médico ou do agente de cura. Posso ter acesso aos campos de energia e de informação dos meus pacientes focalizando esses campos, concentrando-me neles, mas não posso curá-los com qualquer grau de garantia a não ser que eu esteja completamente familiarizada com a natureza dos seus problemas de saúde. Só então posso sugerir o reequilíbrio necessário para produzir a cura. Eu preciso ter um método seguro e eficiente à minha disposição para fazer um diagnóstico qualificado. E isso requer o domínio do uso de um sistema de cura, como o sistema vetorial desenvolvido por Erich Koerbler.

E.L.: Você se envolve pessoal, emocionalmente e com as pessoas que cura? Essa é uma condição necessária para se obter a cura dessa maneira?

M.S.: Minha mente precisa estar clara e eu preciso ter a honesta intenção de curar. Mas eu não posso estar indevidamente envolvida com aqueles de quem estou tratando: eu preciso me distanciar a fim de receber informações imparciais. Eu preciso estar aberta no que se refere às informações que recebo sobre a natureza do problema, a natureza do remédio, e, no caso da homeopatia, também sobre a posologia e a potência do remédio necessário. Somente se eu estiver aberta para receber informações akáshicas imparciais, e também se eu tiver o conhecimento necessário para aplicar corretamente esse conhecimento, eu poderei curar de maneira confiável e eficaz.

E.L.: O que a sua experiência de agente de cura lhe diz a respeito da conexão que existe entre você e seus pacientes, e a respeito do mundo no qual tais conexões podem acontecer?

M.S.: Praticar esse método é uma grande satisfação para mim. Dia após dia e ano após ano fico maravilhada com os resultados e grata por ser capaz de obtê-los. Isso para mim é uma prova clara de que somos parte de um todo maior; que há uma conexão sutil entre todos nós — uma conexão da qual nós podemos fazer uso ativo. É uma evidência de que não só recebemos informações vindas do mundo, mas que também modelamos o mundo, até mesmo com a nossa mente e a nossa consciência. E que podemos modelá-lo de maneira responsável, mantendo nossa própria saúde e a saúde de outras pessoas, e ajudando a curar a discórdia e a desconexão que afligem este mundo.

14
O Que É o Akasha?

Algumas Perguntas e Respostas Essenciais com Györgyi Szabo

Pesquisador do Paradigma Akáshico e Ex-Diretor de Programa
do Centro Ervin Laszlo para Estudos Avançados

Györgyi Szabo (G.S.): Depois de tudo dito e feito, o que, exatamente, é o Akasha? E por que é importante que eu deva conhecê-lo?

Ervin Laszlo (E.L.): O Akasha é uma dimensão do universo que subtende todas as coisas que existem nele. Não apenas subtende todas as coisas, mas gera e interconecta todas as coisas e conserva as informações que elas geram. É o ventre do Cosmos, a teia do mundo e a memória Universal.

Essa nova descoberta — mais exatamente, essa nova redescoberta de uma antiga e profunda percepção — é importante para a ciência e para você. É importante para a ciência porque permite a integração das várias teorias das disciplinas naturais naquilo que Einstein chamou de o esquema mais simples possível — e mesmo assim abrangente —, um esquema que nos proporciona uma imagem significativa do mundo baseada nas provas acessíveis que temos dele. E é importante para você porque um reconhecimento da dimensão Akáshica e de sua relação com o mundo que observamos e onde vivemos pode orientar o seu pensamento e guiar os seus passos conforme você se encaminhe para a grande transformação que mudará não apenas a imagem que você tem do mundo, mas sua percepção em relação a ele.

G.S.: Como a visão de mundo akáshica difere de nossa imagem habitual do mundo?

E.L.: O novo paradigma nos proporciona um conceito muito diferente daquele que a maioria das pessoas sustenta e defende no mundo moderno. Compreender o mundo por meio da lente desse paradigma exige uma verdadeira "mudança de Gestalt".* Normalmente, nós consideramos como reais as coisas que vivenciamos, e o espaço em que elas estão "encaixadas" como vazio e passivo, uma mera abstração. Precisamos virar esse jogo. O que é real é o espaço que encaixa as coisas, e as coisas que brincam no espaço é que são secundárias.

Esse conceito emerge das descobertas realizadas na linha de frente da física. O espaço, como os físicos quânticos descobriram, não é vazio nem passivo; é um *plenum* repleto e ativo, embora os físicos ainda se refiram a ele como o "vácuo". Na visão emergente, o espaço é o terreno, o chão, e as coisas que conhecemos como coisas reais do mundo são as figuras sobre esse terreno. Na verdade, elas não são apenas figuras sobre um terreno; elas são figuras *do* terreno. As coisas que nós consideramos reais são manifestações do espaço — mais exatamente, manifestações do Akasha, a matriz cósmica não local que preenche o espaço.

Há uma boa metáfora para esse conceito sobre o mundo. Pense em ondas viajando ao longo da superfície do mar. Quando você olha para a superfície, você vê ondas movendo-se em direção à costa, ondas se

---

* Realizar uma mudança (*switch*) de Gestalt é comutar as atividades habituais dos nossos órgãos dos sentidos e da nossa consciência para uma nova maneira de perceber as coisas. (N.T.)

espalhando por trás de navios, ondas interferindo com ondas. As ondas se movem de um ponto sobre o mar em direção a outro ponto, e, no entanto, não há nada no mar que se mova dessa maneira: as moléculas de água sobre a superfície não se movem de um lugar para outro; elas apenas se movem para cima e para baixo. O movimento das ondas é uma ilusão — uma ilusão não no sentido de que não há nada que corresponda a ele, mas no sentido de que ele não é o que parece ser. As ondas viajam por toda a superfície do mar, mas a própria água do mar não viaja. O mesmo se aplica ao movimento das coisas no espaço. As coisas não se movem de um lado para o outro do espaço ou sobre o espaço, elas se movem no espaço, ou mais exatamente dentro do espaço. Elas são transportadas pelo espaço.

A visão que essa maneira de ver nos proporciona é muito diferente daquela que o senso comum nos oferece. O mundo real não é uma arena de coisas separadas que se movem através do espaço entre elas; é uma manifestação de uma matriz cósmica. Todas as coisas fazem parte dessa matriz e são transportadas na matriz e pela matriz. Não é a mera existência das coisas que é a ilusão, mas a sua separação. Todas as coisas estão na matriz e são da matriz, e, em última análise, são unas com a matriz.

G.S.: Podemos ter certeza de que essa é a visão correta do mundo?

E.L.: Esta é uma pergunta importante, e estou contente por ter sido você que a fez. Ela é geralmente apresentada por céticos: pessoas que querem desaprovar uma afirmação ou uma teoria. Mas também deveria ser formulada por aqueles que estão dispostos a acreditar nela. O fato óbvio é que não podemos ter certeza *absoluta* de que o novo paradigma nos dá a visão correta do mundo, mas podemos estar *razoavelmente* certos de que ele o faz. Não há certeza absoluta na ciência além das fórmulas da lógica e da matemática. E é só nelas que podemos ter uma prova da verdade das nossas conclusões, pois a prova, da mesma forma que toda a nossa cadeia de raciocínio, é "axiomática": define-se nos seus próprios termos, sem referência a qualquer outra coisa.

Einstein nos chamou a atenção para este fato: na medida em que as provas matemáticas não se referem à realidade, elas estão corretas; e na medida em que se referem à realidade, elas não estão corretas. Esquemas abstratos podem estar corretos, mas se tornam incertos quando são aplicados ao mundo real. Há 2.500 anos, Platão já havia nos advertido de que nossas ideias sobre o mundo constituem, na melhor das hipóteses, uma história provável. No atual ponto da evolução da acuidade perceptiva que temos a respeito da natureza das coisas, o paradigma Akáshico, creio eu, é a história mais provável.

G.S.: Então, essa é uma visão espiritual — ou é uma visão científica?

E.L.: Não estou surpreso de que você expresse essa pergunta dessa maneira. No mundo de hoje, a ciência e a espiritualidade são distintas, e até mesmo opostas. Se você é espiritual, você não pode ser científico; e se você é científico, muito provavelmente não é espiritual. Mas o novo paradigma supera essa divisão ilusória. Você pode ser ambos ao mesmo tempo. Isso, em si mesmo, não é novo. A espiritualidade genuína sempre teve por base o reconhecimento de que há uma inteligência mais profunda em ação no cosmos. Os profetas e os mestres das religiões do mundo deram sua própria interpretação a respeito dessa inteligência, identificando-a por meios que a colocavam em conformidade com os conceitos e a linguagem de seu tempo. Mas uma interpretação literal de suas escrituras seria um erro, pois sugeriria que apenas a sua interpretação particular é verdadeira e legítima.

Essa abordagem seria semelhante à afirmação dogmática feita pela ciência oficial segundo a qual apenas os dados transmitidos pelos sentidos fornecem informações verdadeiras sobre o mundo, e qualquer coisa além disso não passaria de especulação ociosa — "metafísica". Uma ciência madura reconhece que o mundo é muito maior e mais profundo do que a experiência sensorial que temos dele, assim como uma religião madura reconhece que a inteligência superior ou mais profunda que suas doutrinas sugerem é o verdadeiro núcleo do cosmos. Uma ciência madura é espiritual, e uma religião madura é científica. Elas são construídas sobre a mesma experiência, e chegam basicamente à mesma conclusão.

G.S.: Akasha é a inteligência do mundo?

E.L.: Akasha é, de fato, uma espécie de inteligência. No contexto espiritual, nós poderíamos chamá-lo de consciência ou inteligência do mundo, e no contexto científico, podemos considerá-lo melhor como a lógica ou o "programa" do mundo. É o que torna o mundo inteligível, e é o que faz com que as estrelas e os planetas, os átomos e os organismos se comportem de uma maneira que podemos compreender. O paradigma Akáshico transmite percepções que tradicionalmente pertenciam ao domínio da espiritualidade e da religião.

Podemos imaginar a dimensão A como uma espécie de inteligência divina. Ela é imanente no mundo, é uma parte intrínseca do cosmos. Mas em nossa experiência imediata como seres humanos, essa experiência é transcendente. Ela está além do "nosso" mundo.

G.S.: Qual dessas visões é a correta?

E.L.: Ambas as visões da inteligência divina, a "imanentista" e a "transcendentalista", estão corretas. Sua validade depende da maneira como abordamos essa inteligência. "*Sub specie eternitatis*", vista de um ponto vantajoso situado fora de nosso mundo, nós concebemos o cosmos em sua totalidade. Nessa perspectiva, a dimensão A é equivalente à consciência divina que permeia o mundo. Mas em uma perspectiva aberta dentro do mundo, mais exatamente dentro da experiência humana do mundo, a dimensão A não é um espírito imanente difundindo-se pelo cosmos, mas um campo de informação infinitamente disponível e que transcende o espaço e o tempo.

G.S.: Isso significa que todas as pessoas podem experimentar a inteligência divina no Akasha?

E.L.: A inteligência codificada no Akasha informa todas as coisas no mundo manifesto. Ela in-forma nosso cérebro e nosso corpo, e também in-forma nossa mente e nossa consciência.

A informação akáshica in-forma nosso cérebro e nossa mente, mas não necessariamente a nossa mente consciente. Ela é frequentemente, e em geral no mundo moderno, reprimida para fora da nossa consciência desperta. Se não devemos reprimi-la, ou descartá-la como fantasia e imaginação, precisamos experimentá-la conscientemente. E para isso é necessário entrar em um estado alterado de consciência.

Mas nem sempre isso era necessário. Os xamãs e os curandeiros e curandeiras, profetas e mestres espirituais foram e são capazes de ter acesso a essa inteligência cósmica como parte de sua experiência cotidiana. Eles entravam frequentemente em estados alterados de consciência; eles os cultivavam conscientemente por meio da dança rítmica, das cantilenas, do uso de tambores, das plantas psicodélicas, dos ritos e rituais e da meditação disciplinada, entre outras coisas. Porém, no mundo moderno, fomos tão completamente convencidos de que tudo o que experimentamos precisa chegar a nós através dos nossos sentidos que não procuramos experiências que não envolvam apreensões sensoriais. E se tais experiências ocorrem espontaneamente, nós as descartamos como ilusão ou fantasia. As exceções a essa regra são os artistas, os sensitivos, as pessoas espirituais e os indivíduos criativos de todas as esferas da vida, e até mesmo na ciência. Muitas vezes, suas percepções-chave, iluminadoras e fulgurantes, são por eles recebidas em estados alterados, em orações e na meditação, na experiência estética ou em sonhos, devaneios, estados hipnagógicos entre sono e vigília, ou na introspecção profunda.

Quando ingressamos em um estado alterado de consciência, fluem para dentro de nossa consciência ideias, imagens e intuições que transcendem a gama de nossas percepções sensoriais. Esses elementos fazem parte da totalidade das informações na matriz cósmica que chamamos de Akasha. Essas informações estão presentes em uma forma distribuída, como em um holograma. Isso significa que todos os elementos de cada informação estão presentes em cada uma de suas partes. Sondando profundamente nossa consciência, podemos ter acesso a um fragmento holográfico dessa informação — da informação que "in-forma" o universo. Em um sentido modesto, mas real, "lemos o Registro Akáshico" — o registro de todas as coisas que existem, e que sempre existiram, na totalidade do mundo.

G.S.: Esta é uma perspectiva assombrosa. Mas passemos no ponto principal: "O que sabemos agora e que não sabíamos antes?"

E.L.: Essa é, de fato, o ponto principal. No cômputo final, a ciência diz respeito à compreensão: conhecer o mundo e todas as coisas do mundo. Uma ciência baseada em um paradigma mais adequado deveria transmitir mais compreensão, conhecimento mais profundo, do que uma ciência baseada no velho paradigma.

Como o paradigma Akáshico procede a esse respeito? Que conhecimento ele nos fornece a respeito do mundo e que o paradigma anterior não nos deu e não podia nos dar? Tentarei dar uma resposta clara a essa questão fundamental.

Em seu livro de 2009 dedicado a indagar a respeito da "verdadeira natureza do universo", o biólogo Robert Lanza, da Universidade de Wake Forest, escrevendo com Bob Berman, criou uma espécie de "boletim escolar" que ele chamou de "Respostas da Ciência Clássica a Questões Básicas" (Lanza com Berman, 2009). De acordo com essa ficha informativa de Lanza, a ciência está falhando: ela não fornece conhecimento, em absoluto, a respeito de onze de treze questões básicas; transmite uma resposta provisória sobre a décima segunda e uma resposta negativa para a décima terceira.

Uma ciência baseada no paradigma Akáshico se sairia melhor? A seguir, contrastamos as questões de Lanza e as respostas que ele dá para a "ciência clássica" com as respostas que nós podemos agora oferecer com base no novo paradigma.

P. Como o Big Bang aconteceu?

R. Ciência clássica: Desconhecido. **Ciência do paradigma Akáshico**: Por meio da ação das forças repulsivas que surgiram quando o universo anterior, ao colapsar, atingiu dimensões quânticas.

P. O que foi o Big Bang?

R. Ciência clássica: Desconhecido. **Ciência do paradigma Akáshico**: Uma transição de fase entre universos, ou de fases do multiverso; não foi um Big Bang, mas um Big Bounce [Grande Salto].

P. O que existia antes do Big Bang, se é que existia alguma coisa?

R. Ciência clássica: Desconhecido. **Ciência do paradigma Akáshico**: Um universo precedente, ou fase precedente do multiverso, com propriedades físicas semelhantes às do nosso próprio universo.

P. Qual é a natureza da energia escura, a entidade dominante do cosmos?

R. Ciência clássica: Desconhecido. **Ciência do paradigma Akáshico**: Ainda não é conhecida, mas a sua existência oferece orientações para a sua pesquisa, pois é provável que a resposta esteja na constituição da dimensão oculta, a base fisicamente real do espaço-tempo e o pano de fundo da matéria e da energia do universo.

P. Qual é a natureza da matéria escura, a segunda entidade mais predominante?

R. **Ciência clássica**: Desconhecido. **Ciência do paradigma Akáshico**: A mesma resposta acima — ainda não é conhecida, mas a sua existência oferece orientações para sua busca: é provável que a resposta esteja na constituição do Akasha, a base fisicamente real do espaço-tempo e o pano de fundo da matéria e da energia do universo.

P. Como surgiu a vida?

R. **Ciência clássica**: Desconhecido. **Ciência do paradigma Akáshico**: Os processos que reconhecemos como básicos para a vida originaram-se como relações coerentes que, com o tempo, emergiram no rico fervilhamento de moléculas orgânicas na superfície aquosa de alguns satélites em órbita ao redor de estrelas ativas.

P. Como surgiu a consciência?

R. **Ciência clássica**: Desconhecido. **Ciência do paradigma Akáshico**: A consciência não "surgiu" — ela sempre esteve presente como um aspecto do universo de forma intrinsecamente psicofísica.

P. Qual é a natureza da consciência?

R. **Ciência clássica**: Desconhecido. **Ciência do paradigma Akáshico**: É o aspecto mental — mais exatamente, "semelhante à mente" (*mindlike*) —, dos sistemas materiais (*matterlike*) na dimensão manifesta do universo; é uma exibição ou reflexão das informações contidas na dimensão A do universo.

P. Qual é o destino do universo; por exemplo, ele continuará se expandindo?

R. Ciência clássica: Aparentemente, sim. **Ciência do paradigma Akáshico**: Com uma alta probabilidade, ele atingirá um equilíbrio entre a força inicial de expansão e a força gravitacional de contração, e depois ele se recontrairá até a dimensão quântica — para reemergir como o universo seguinte (ou a fase seguinte do multiverso).

P. Por que as constantes [físicas] são da maneira como são?

R. Ciência clássica: Desconhecido. **Ciência do paradigma Akáshico**: Os valores das constantes evoluíram progressivamente nos ciclos precedentes do multiverso e foram transferidos para o nosso universo na transição de fase que reconhecemos como um Grande Salto.

P. Por que há exatamente quatro forças?

R. Ciência clássica: Desconhecido. **Ciência do paradigma Akáshico**: As forças universais não estão limitadas a quatro: a força (ou campo) responsável pela interação não local é tão básica e universal quanto os quatro campos clássicos; e há igualmente vários campos e várias forças de natureza quântica.

P. A vida continua a ser vivenciada depois que o corpo morre?

R. Ciência clássica: Desconhecido. **Ciência do paradigma Akáshico**: Depois que o corpo morre, a vida parece persistir como uma forma de consciência no Akasha, e, como nos mostram experiências de quase morte, pode ser vivenciada e transmitida a nós por meio de comunicações após a morte e de contatos intermediados por médiuns (Laszlo e Peake, 2014).

P. Que livro fornece as melhores respostas?

R. Ciência clássica: Não há um único livro. **Ciência do paradigma Akáshico**: A resposta da ciência clássica está correta — não há um livro único, nem provavelmente jamais haverá um só livro, embora atualmente alguns livros ofereçam melhores respostas do que outros, e seja muito provável que venha a acontecer o mesmo no futuro.

15
Comentários sobre o Paradigma Akáshico por Cientistas e Pensadores de Ponta

EDGAR MITCHELL
Astronauta

No passado muito remoto, o desejo humano natural de compreender o nosso mundo, o seu conteúdo e as interações que ocorrem na natureza foi estimulado pela exploração do que existe além do ambiente local, pela descoberta de novas floras e novas faunas, e talvez por uma diferente tribo de seres humanos que viviam em um local diferente. Novas palavras, novos pensamentos e novos relacionamentos se apresentaram à mente e precisaram de descrições e discussões. A experiência que viemos a ter da natureza e de novos seres expandiu nossa compreensão e permitiu a criação de crenças a respeito de como toda a vida se encaixa no mais amplo esquema das coisas.

Olhando para trás, a partir do presente dos dias atuais, podemos registrar narrativas sobre o surgimento de muitos idiomas e de muitas crenças culturais em nosso mundo e em relação a ele. Os antigos místicos e sábios de todas as culturas foram os líderes em prescrever-nos a natureza da realidade como eles a viam, e as regras e procedimentos que deveriam ser seguidos em nossa interação com as outras pessoas e com a natureza. Crenças culturais locais transformaram-se em religiões locais que afirmavam falar "a Verdade" sobre a natureza e o cosmos, incluindo histórias sobre as origens de todas as coisas e regras de comportamento que os seres humanos precisavam seguir para viver vidas bem-sucedidas em uma ordem social bem-sucedida.

Enquanto permanecíamos locais, esses procedimentos, crenças e regras tribais bastavam para regular e informar nossas sociedades. O princípio da viagem distante e da interação com povos remotos trouxe, no curto prazo, conflitos e lutas com mais frequência do que paz e harmonia. Na Idade Média, monarquias, impérios e viagens para diferentes continentes tornaram-se comuns no mundo ocidental. A religião cristã dominou a Europa e estabeleceu o padrão para o pensamento e a interação social nas nações emergentes. O mero desacordo com a Igreja podia ser rotulado como heresia e conduzir à morte na fogueira. Então apareceu o filósofo, matemático e pensador René Descartes. Ele escreveu que o corpo e a mente, o físico e o espiritual pertenciam a diferentes domínios da realidade, que não interagiam naturalmente. As autoridades da Igreja aceitaram essa ideia, e isso permitiu que intelectuais da Europa exercessem o livre pensamento, contanto que evitassem o assunto da mente e da consciência, província dos teólogos.

Pouco depois, Sir Isaac Newton publicou suas leis do movimento. A ciência moderna e as leis da física clássica nasceram. A teoria de Newton baseava-se na convicção de que experimentos e testes eram necessários para provar sua aplicação à realidade. Interações na natureza tinham de ser medidas e comprovadas com precisão matemática. Esse período clássico na física newtoniana durou 400 anos, até a virada do século XX, quando Albert Einstein mudou nossa compreensão da natureza do espaço e do tempo, e Max Planck, Erwin Schrödinger e Paul Dirac introduziram a física quântica como um elemento necessário para a nossa compreensão das interações no nível subatômico.

As regras particulares e as crenças básicas que as pessoas usavam para compreender a natureza da realidade constituem aquilo que o filósofo Thomas Kuhn chamou de *paradigma*. Descartes, seguido por Newton e suas leis da física, iniciou um reinado de mais de 400 anos durante o qual a física clássica foi o paradigma para a ciência. A descoberta do mundo quântico e a codificação de suas interações na década de 1920 prenunciaram transformações que acabaram por levar a uma mudança de paradigma que dominou a maior parte do século XX. No entanto, as duas teorias revolucionárias, a relatividade geral e a mecânica quântica não local, não foram bem-sucedidas nas tentativas feitas para unificá-las, e o paradigma pós-newtoniano careceu de consistência integral. Tornou-se claro, por outro lado, que a separação cartesiana entre matéria e mente é um conceito errado: tanto a matéria como a mente são elementos básicos da realidade. Pesquisas sobre a consciência vieram à tona no fim do século XX evidenciando-se como um importante tópico na ciência depois de serem negligenciadas durante quatro séculos. Hoje, a compreensão da realidade forjada pela ascensão da teoria quântica e pelo acúmulo de evidências que comprovam a realidade do papel ativo da consciência no mundo catalisam uma mudança fundamental de paradigma. É disso que trata o novo livro de Laszlo. O que este livro realiza merece que dediquemos a ele nossa atenção séria e urgente.

Trazer à superfície o paradigma dominante da ciência e examinar a sua capacidade — ou o seu malogro — para fornecer uma compreensão integral e realista do mundo é a primeira das realizações mais importantes do novo livro de Laszlo. A segunda é delinear o novo paradigma, um paradigma que poderia superar as deficiências do antigo e dotar as teorias das ciências contemporâneas com significado integral e realismo. A ciência superou em crescimento seu paradigma dominante. Precisamos de um novo paradigma para compreender o mundo que emerge na linha de frente das ciências. O paradigma Akáshico de Laszlo satisfaz a essa exigência. É uma realização revolucionária de enorme alcance e abrangência e importância indiscutível. Precisamos prestar atenção ao que ele representa, discuti-lo e acompanhá-lo com o apoio de pesquisas sustentadas.

DAVID LOYE
Autor, Fundador do Darwin Project

Por trás do brilhante desenvolvimento do novo paradigma por Ervin Laszlo situa-se a longa história dos esforços para compreender quem somos, onde estamos e o que acontecerá em seguida para nós na evolução.

Entre os antigos hinduístas e maias, e repetidas vezes na história, o que emerge é a imagem do conflito desses imensos e esmagadores arcabouços mentais que chamamos de paradigmas. Durante muito tempo, um paradigma manterá rigidamente cativos a maior parte de nós, e, em seguida, depois de um tempo de perturbação e de confusão cataclísmicas — como o que estamos experimentando atualmente —, um novo paradigma emergirá.

O paradigma Akáshico de Laszlo se ajusta nesse quadro exatamente porque, diante das grandes mudanças que estão ocorrendo, ele responde com uma nova e corajosa perspectiva que abraça e em seguida promove a união — o "casamento" — das dimensões espiritual e científica, transcendendo tanto os velhos paradigmas da religião como os modernos paradigmas da ciência oficial.

Com o paradigma Akáshico, estamos ingressando em um tempo que poderia ser chamado de Era da Reconciliação. Enraizado em uma ampla compreensão da dinâmica inebriante que nos encaminha pela física avançada, o paradigma Akáshico une intimamente o melhor da religião e o melhor da ciência em uma poderosa expressão de uma nova parceria entre ciência progressiva e religião progressiva a fim de derrotar as forças que tentam nos arrastar para trás na trilha da evolução. O esforço de Laszlo para fundamentar o tipo de mentalidade de que precisamos para ganhar um futuro melhor foi examinado e exaltado por um grande número de grandes cientistas, um número que é maior do que qualquer outro que eu conheça.

KINGSLEY DENNIS
Sociólogo, Escritor e Cofundador do WorldShift International

Em cada etapa da evolução humana, defrontamo-nos com fenômenos que exigem de nós a investigação dos nossos paradigmas de conhecimento e compreensão. Em cada etapa, somos convocados a responder aos desafios de conceituar, visualizar e vocalizar essas percepções que nos proporcionam a súbita iluminação necessária para nos impelir ao longo de uma evolução social que progressivamente se desdobra. A maneira como navegamos pelo nosso presente e pelo(s) nosso(s) futuro(s) potencial(is) desempenha um papel fundamental na forma como iremos sobreviver como uma espécie que coabita com um planeta vibrante e sustentador da vida. É claro que os arcabouços de conhecimento científico que somos forçados a adotar carecem de um reajuste oportuno, e é da promoção desse reajuste que estamos incumbidos. A apresentação do novo paradigma por Ervin Laszlo tem exatamente esse propósito.

O paradigma Akáshico restitui a nossa maneira de pensar a uma consciência integral, um modo não linear de compreender que nos incita a aceitar a realidade das interações não locais. Essa visão nos afasta da visão de mundo mental-racional dominante e nos aproxima de uma perspectiva que promove uma relação ecológica-recíproca, pois nós existimos dentro de uma totalidade inclusiva. Isso exige nada menos que uma mutação na consciência humana.

Ao adotar o paradigma Akáshico, estamos introduzindo um significado maior em nossas vidas. Esse paradigma não destrói nem provoca o colapso dos nossos modelos atuais ou mais antigos; em vez disso, ele atualiza as nossas etapas de conhecimento anteriores em um modelo mais abrangente, que serve melhor para explicar como o mundo manifesto existe — e pode existir — dentro de uma "dimensão oculta" que está na base da estrutura de uma realidade energética mais completa e inclusiva. O paradigma Akáshico permite a existência da materialidade enquanto, simultaneamente, abraça a unificação de todos os fenômenos conhecidos — é o paradigma de uma unidade no coração; e, como tal, sustenta a vida em suas implicações para a humanidade.

O paradigma Akáshico, conforme Ervin Laszlo o estabelece, diz-nos que a vida existe dentro de um padrão que é coerente para além dos nossos sonhos mais arrojados. Os sistemas vivos procuram harmonia ao longo de toda a sua jornada evolutiva. Essa percepção exalta o nosso espírito e impregna a nossa vida com novo significado.

DAVID LORIMER
Autor, Conferencista e Educador

Em um de seus livros mais recentes, *A New Science of the Paranormal*, Lawrence LeShan (2009) apresenta uma análise incisiva da reação do materialismo científico aos fenômenos paranormais. Ele assinala que se eventos impossíveis não acontecem, então, por definição, se um evento aconteceu, então ele é possível. Eventos exigem explicações por meio de teorias. Então, se a teoria é incapaz de explicar o fato, tanto pior para a teoria, e não para o fato. É a teoria que precisa de revisão, de modo que o fato possa ser reestruturado.

A história da pesquisa paranormal e da parapsicologia tem proporcionado muitos exemplos de cientistas que tentam explicar fatos que consideram *a priori* como impossíveis, ou como C. D. Broad os chamava, de "antecedentemente improváveis". Isso pode ser uma sofisticada maneira de se expressar, mas disfarça uma pressuposição ou um preconceito. A base de uma visão de mundo é uma série de pressuposições ou suposições sobre a natureza da realidade. É este o assunto do brilhante livro de Rupert Sheldrake, *The Science of Delusion** (2012). Nele, Sheldrake discute vários dog-

---

* *Ciência sem Dogmas*, publicado pela Editora Cultrix, São Paulo, 2014.

mas científicos e os transforma em perguntas. Estas incluem as proposições de que a natureza é essencialmente mecânica, que a matéria é inconsciente, que os cérebros produzem a consciência, que as memórias são armazenadas como vestígios materiais no cérebro, que as mentes estão confinadas à cabeça, e que fenômenos não explicados, como a telepatia, são ilusórios.

Nenhuma dessas proposições é verdadeira, como Sheldrake demonstra de maneira convincente, e ainda assim a ciência aderiu dogmaticamente a elas apesar de mais de uma centena de anos de provas em contrário. Isso algema o espírito de investigação e sufoca o progresso verdadeiro que poderia ser realizado se os cientistas oficiais tivessem mais coragem para questionar esses dogmas, desafiando a pressão que seus colegas lhes impõem. Como Nikola Tesla, um outro gênio negligenciado, se expressou: "No dia em que a ciência começar a estudar fenômenos não físicos, ela fará mais progressos em uma década do que em todos os séculos anteriores de sua existência". Naturalmente, grande parte da investigação foi realizada, mas praticamente nada do que ela descobriu foi reconhecido ou incorporado na ciência convencional.

A razão para isso é o estrangulamento imposto pela ideologia do materialismo científico, a qual pressupõe que a consciência é um subproduto de processos físicos que ocorrem no cérebro e não pode agir não localmente. Isto também significa que a telepatia e as experiências fora do corpo são impossíveis em princípio, e que a morte significa a extinção da consciência e da personalidade. A atitude-padrão com que o materialismo científico aborda a parapsicologia consiste em questionar a integridade dos experimentadores ou o rigor dos experimentos. Dean Radin e outros demonstraram de maneira convincente que esses fenômenos realmente ocorrem e, por isso, exigem uma explicação. Muitas pessoas resistem à evidência do paranormal porque lhes falta uma teoria coerente.

É aqui que o paradigma Akáshico de Ervin Laszlo entra em cena e fornece um novo arcabouço para a compreensão da consciência e de suas operações. Novas teorias deveriam explicar adequadamente os dados de que elas tratam. Em vez de continuar a defender o materialismo científico contra todos, os cientistas deveriam liberar esse espírito de investigação aberta, que é a verdadeira natureza do processo científico. Como assinalei no início, se uma teoria é incapaz de explicar evidências bem atestadas, então essa teoria precisa se expandir ou ser substituída.

Chegou o momento para que uma verdadeira mudança de paradigma em nossa compreensão da realidade passe a levar em consideração a coerência e a não localidade em todos os níveis. Não é suficiente responder apenas por interações locais, em vez de também responder pelas não locais. Como observa Laszlo, a não localidade é, na verdade, uma característica básica do universo. Ele postula o Akasha como a dimensão oculta do universo, uma dimensão que in-forma tudo o que existe no mundo físico manifesto, mas que é também um elemento de consciência vivenciada a partir de dentro. Nosso estado de ajuste à coerência não local nos dá acesso a informações além do alcance dos sentidos físicos. Desse modo, fenômenos paranormais não são inesperados, mas, em vez disso, podem ser antecipados nesse arcabouço estendido.

Entre os precursores dessas ideias estavam William James e Henri Bergson com seus conceitos de empirismo radical e evolução criadora e sua compreensão de que o cérebro tende a filtrar tudo o que é não físico, especialmente entre aqueles em que o hemisfério esquerdo é dominante. Eles não teriam nenhuma dificuldade, juntamente com Alfred North Whitehead, em reconhecer que somos um elemento intrínseco em "um universo localmente e não localmente interconectado e interagente". Essa ordem dinâmica, em vez de determinista, também deixa espaço para a autodeterminação, que Laszlo considera a essência da liberdade.

Essa é uma perspectiva revigorante, coerente com as descobertas que estão emergindo na física, na biologia, na psicologia e na parapsicologia. Devemos lançar fora os grilhões do materialismo científico enquanto permanecemos rigorosos em nossa abordagem para explicar toda a gama da experiência humana — não apenas capacidades normais e anormais, mas também excepcionais. O que nós atualmente chamamos de paranormal ou de sobrenatural deve de fato ser considerado normal dentro desse arcabouço akáshico mais amplo.

STANLEY KRIPPNER
Antropólogo e Psicólogo Humanista

A cosmologia-padrão do século XX contou uma história que começa com o Big Bang, um evento único que criou o cosmos. Éons mais tarde, vórtices gigantescos se desenvolveram tornando-se galáxias. Finalmente, emergiu pelo menos um sistema solar que continha um planeta capaz de desenvolver e de sustentar a vida.

Essa história suplantou histórias anteriores, que atribuíram a criação a divindades (ou a uma única divindade) e inventaram mecanismos engenhosos, como os epiciclos, para preservar a noção de que a Terra era o centro do seu sistema solar. Quando essas histórias se elucidaram, não foi fácil a tarefa de contar outra. Um contador de histórias dos tempos antigos pagava com sua vida enquanto outro era colocado em prisão domiciliar permanente. Os contadores de histórias do século XX olham para trás, para essas histórias antigas, considerando-as como contos supersticiosos, e orgulhando-se pelo fato de que a ascensão da ciência pode agora lhes servir de guia para construir contos de criação que são baseados na lógica razoável, na observação empírica e em experimentos cuidadosamente construídos. No entanto, foram essas mesmas ferramentas que revelaram que a história do século XX tinha seus próprios epiciclos, mecanismos que não conseguiram mais se sustentar depois que a mecânica quântica entrou em cena.

Neste livro brilhante, Ervin Laszlo nos conta uma história para o século XXI, uma narrativa inspirada por uma história vinda de um tempo muito mais longínquo, na antiga Índia, a dos Registros Akáshicos, talvez a primeira "teoria de tudo", que destacava a não localidade, um termo ausente da cosmologia-padrão do século XX, mas que viria a adquirir importância primordial um século depois. Quando físicos observaram que partículas subatômicas inicialmente unidas e em seguida separadas no micronível continuavam a interagir mesmo que ficassem mutuamente afastadas por distâncias impossíveis, esse fenômeno foi rejeitado como uma peculiaridade interessante, mas sem importância. De qualquer maneira, ele não poderia ser repetido no macronível.

No entanto, começaram a se acumular dados vindos da física, da química, da biologia e do "não respeitável" campo da parapsicologia sugerindo que eventos não locais preenchiam a lacuna entre as dimensões micro e macro. O tempo, o espaço e o efêmero construto chamado "consciência" entregavam-se a uma dança que o físico quântico David Bohm chamou de "holomovimento". De fato, Bohm foi um dos primeiros a oferecer uma narrativa que foi rejeitada na época, mas que, provavelmente, assegurou o seu lugar na história da filosofia da ciência.

Recorrendo a Bohm, Schrödinger, Einstein e muitos outros, a história de Laszlo nos conta que o mundo akáshico é um mundo interconectado e interagente tanto local como não localmente. O mundo akáshico inclui uma dimensão no universo que subtende todas as coisas que existem nele. Ele não somente subtende todas as coisas, mas também gera e interliga todas as coisas.

Algumas pessoas comprometidas com alguma inclinação doutrinária particular irão ler essa história e supor que essa dimensão comporta contos de fadas do tipo Ciência da Criação ou Planejamento Inteligente. Longe disso. O cosmos akáshico é uma totalidade auto-organizadora que cria a si mesma. É reminiscente da declaração que encerra *A Origem das Espécies*, de Charles Darwin. Darwin terminou sua história comentando: "É interessante contemplar uma ribanceira onde diversificadas formas de vida se entrelaçam, revestida com muitas plantas de muitas espécies, com pássaros cantando nos arbustos, e vários insetos cruzando o espaço em voos suaves e lépidos, e minhocas rastejando através da terra úmida, e refletir que essas formas construídas com tanto esmero, tão diferentes umas das outras, e dependentes umas das outras de maneiras tão complexas, foram todas elas produzidas por leis que atuam ao nosso redor".

Isso foi o mais perto a que Darwin poderia chegar, em vista da época em que viveu e do conhecimento de que dispunha, da descrição da não localidade. Entretanto, ele estava apontando para esse alvo quando exclamou: "Há grandeza nessa visão da vida!" E em sua extraordinária atualização de Bruno, Copérnico, Galileu, Darwin, Einstein e outros, Ervin Laszlo, atento à advertência de Platão, segundo a qual até mesmo o melhor relato sobre a natureza da realidade é apenas uma história provável, tem agora uma boa razão para nos dizer que *o paradigma Akáshico é a história mais provável que nós podemos narrar atualmente.*

DEEPAK CHOPRA
Médico e Líder de Ideias Internacional

O Akasha não é um campo eletromagnético ou um campo físico, mas, literalmente, é um domínio de consciência transcendental, a consciência da qual emerge todo o universo e na qual o universo volta novamente a desaparecer.

Compreender o trabalho de Laszlo sobre o paradigma Akáshico nos oferece uma percepção iluminadora sobre valores platônicos como verdade, bondade, beleza, harmonia e ambição. Esses valores dão origem a uma moralidade espontânea, que não é imposta, vinda de uma experiência do nosso eu superior. Eles nos proporcionam uma profunda e aguçada percepção científica da natureza mais fundamental do universo. Nesse nível fundamental, o universo é mais do que espaço, tempo e energia, *spin* e carga, e todas as coisas sobre as quais os físicos falam. O Akasha é o componente fundamental de uma mente que evolui e amadurece. Compreendê-lo abre o caminho para uma moralidade e uma consciência superiores.

KEN WILBER
Filósofo, Escritor e Fundador do Integral Institute

O recente livro de Ervin Laszlo é muito bem-vindo, por muitas razões. Primeiro, sua proposição básica — a de que existe um holocampo transuniversal operando em uma dimensão amplamente não manifesta, mas que proporciona unidade a todas as coisas manifestas, e é o terreno real a partir de onde emerge todo o domínio manifesto e para onde ele retorna, e que é, em última análise, o responsável pela coerência do próprio universo — é bem conhecida das tradições místicas em todo o mundo. (Na Teoria Integral, é a dimensão causal, consistindo naquilo que o Sutra Lankavatara chama de *vasanas*, ou um armazém-memória de todas as coisas e eventos que já ocorreram, e que, por sua vez, dá origem a fenômenos sutis, que dão origem a fenômenos espessos ou físicos, em toda uma série de versões "escalonadas no sentido descendente" de sua origem causal.)

Mas o que torna tão instigante a versão de Laszlo desse campo causal — que ele, apropriadamente, conecta à antiga doutrina dos registros akáshicos — é sua extensa discussão sobre esse campo à luz dos recentes desenvolvimentos "*hardcore*" ocorridos nas ciências convencionais. Poderíamos dizer que ele proporciona um relato muito completo na terceira pessoa de uma realidade espiritual que também pode ser vivenciada, como ele reconhece, no âmbito da primeira pessoa, na meditação, e no âmbito da segunda pessoa, em intuições Eu-Tu e no nível da graça. Laszlo apresenta uma série de mais de uma dúzia de inadequações nas ciências contemporâneas, as quais, em caráter absoluto, clamam em altos brados por um novo paradigma, um paradigma que é holístico, conectivo, holográfico, supraluminal, não local e transuniversal (pois sobrevive a eventos que passam de multiverso a multiverso). Isso não é especulação excêntrica do tipo Nova Era, mas incursões de um pensamento atento, cuidadoso e responsável, muito bem delineado nos campos mais respeitados da ciência disponível, e em suas próprias linhas de frente.

Laszlo é um indivíduo incrivelmente raro, alguém que, literalmente falando, está em casa em domínios científicos, assim como espirituais. Como ele indica, quanto mais madura a ciência se torna, mais espiritual ela se torna; e quanto mais madura a espiritualidade se torna, mais científica ela se torna. A batalha, velha de séculos, entre ambas está simples, absoluta e radicalmente obsoleta. Os mesmos princípios unificadores necessários para responder pela união de uma alma com Deus também são necessários para responder pela coerência e pela sincronização do corpo humano ou da teoria M ou da cosmologia e da biologia no âmbito de si mesmos. Laszlo sabe disso, e é esse o seu grande gênio: cada hipótese científica que ele apresenta foi verificada contra um fundo espiritual, e vice-versa. É exatamente esse o tipo de pensamento que é necessário para nos prenunciar uma Era Integral verdadeira, e Laszlo é um dos seus grandes pioneiros. Este livro é altamente recomendado tanto para profissionais como para leigos, e é também um bom lugar para o leitor começar, e então, depois dele, apanhar e ler outros livros de Laszlo, todos igualmente importantes.

APÊNDICES

O Paradigma Akáshico na Ciência

Os dois apêndices a esta obra fornecem documentação e apoio para o paradigma Akáshico na ciência.

O Apêndice I revê as observações e experimentos que fornecem as evidências que, por um lado, derrubam o paradigma anterior, ainda dominante, e, por outro lado, abrem as portas para a exploração do paradigma Akáshico baseado na interconexão não local.*

O Apêndice II apresenta duas hipóteses matematicamente elaboradas que mostram como os fenômenos que observamos no espaço e no tempo podem ser explicados em referência a uma dimensão no universo que está além do espaço e do tempo. Elas contribuem para assentar as fundações para o paradigma Akáshico no domínio técnico da nova física.

---

* Este material representa um resumo e uma atualização de tópicos tratados em detalhes abrangentes em meus livros anteriores que publiquei na Inner Traditions: *Science and the Akashic Field* (2004, 2007) [*A Ciência e o Campo Akáshico*, Editora Cultrix, São Paulo, 2008], *Science and the Reenchantment of the Cosmos* (2006), *Quantum Shift in the Global Brain* (2008) [*Um Salto Quântico no Cérebro Global*, Editora Cultrix, São Paulo, 2012] e *The Akashic Experience* (2009).

APÊNDICE I

Não Localidade e Interconexão

Uma Revisão das Evidências

Vamos nos lembrar da definição de ciência apresentada por Einstein: é o empreendimento humano que procura descobrir o esquema de pensamento mais simples e consistente capaz de ligar conjuntamente os fatos observados. O paradigma Akáshico permite que os cientistas liguem conjuntamente mais fatos observados do que o paradigma anterior. Ele abrange fatos que eram anômalos para esse último, fatos que testemunham a conexão não local ao longo de toda a faixa de escalas e de complexidades da natureza.

Nas três seções deste apêndice, vamos rever os fatos que servem como evidências — mesmo que sejam necessariamente apenas evidências parciais e preliminares — do novo paradigma. Os campos em que essas observações vieram à luz são amplos e abrangentes. Eles incluem (i) o mundo do *quantum*, (ii) o mundo vivo, e (iii) o universo em suas maiores dimensões.

NÃO LOCALIDADE E INTERCONEXÃO NO MUNDO QUÂNTICO

Os *quanta*, as menores entidades conhecidas do mundo físico, não se comportam como objetos comuns. Até que um instrumento ou um ato de observação os registre, eles não têm uma localização única nem um estado único. E eles estão interconectados não localmente ao longo de todo o espaço e de todo o tempo.

O Estranho Mundo do Quantum

O estado quântico é definido pela função de onda que codifica a superposição de todos os estados potenciais que um determinado *quantum* pode ocupar. O estado superposto do *quantum* é o estado prístino, seu estado na ausência de toda interação. A duração do estado prístino pode variar. Pode ser apenas o milissegundo após o qual um píon decai em dois fótons ou pode ser os 10 mil anos necessários para o decaimento de um átomo de urânio. Seja qual for a sua duração, é o estado de superposição conhecido como o tique de um relógio quântico, ou *q-tique*. De acordo com a interpretação de Copenhague da teoria quântica, a realidade (ou pelo menos o espaço e o tempo) não existe durante um q-tique, mas apenas no fim desse intervalo, quando a função de onda colapsou e o *quantum* transitou do estado superposto indeterminado para o estado clássico determinado.

Não se sabe com clareza o que poderia provocar o colapso da função de onda. Eugene Wigner especulou que ele é causado pelo ato de observação: a consciência do observador interage com a partícula. No entanto, verificou-se que o instrumento por meio do qual a observação é feita também poderia imprimir o impulso decisivo: a função de onda colapsa quer um observador esteja presente ou não.

Outro aspecto da "estranheza" do mundo quântico está se dissipando: a curiosa limitação imposta pelo princípio da incerteza de Heisenberg. Este célebre princípio nos diz que todas as propriedades do estado quântico não podem ser medidas ao mesmo tempo: quando uma propriedade é medida, uma propriedade a ela relacionada torna-se imensurável — ela torna-se turva, indistinta, e seu valor pode se estender ao infinito. No entanto, mostrou-se há pouco tempo que esse não é necessariamente o caso. Experimentos iniciados em 2011, no Conselho Nacional de Pesquisas do Canadá, e divulgados por físicos da Universidade de Rochester e da Universidade de Ottawa, no início de 2013, demonstraram que é possível medir algumas variáveis-chave relacionadas ao estado quântico (as variáveis "conjugadas") ao mesmo tempo. Seu novo aparelho mede o estado quântico responsável por uma das variáveis de uma maneira tão fraca que a medição não perturba significativamente o estado quântico. Nesse caso, a segunda das variáveis conjugadas também pode ser medida, uma vez que as informações recebidas do aspecto do estado quântico correspondente a essa variável permanecem legítimas.*

Enquanto alguma estranheza atribuída ao mundo quântico no século XX resiste ao esclarecimento, o entrelaçamento de fenômenos no nível quântico torna-se cada vez mais evidente. O mundo quântico está entrelaçado no espaço, e, como veremos, agora também se mostrou que está igualmente entrelaçado no tempo. No nível quântico, o mundo é inteiramente não local.

Os Famosos Experimentos sobre a Não Localidade

A não localidade no mundo do *quantum* veio à tona em uma série de experimentos, cada um mais anômalo do que o outro com relação ao paradigma clássico pré-quântico.

Essa série de experimentos começou com as explorações de Thomas Young no início do século XIX. Young dirigiu um feixe de luz coerente sobre um anteparo no qual ele havia feito duas fendas. Ele colocou uma tela por trás desse anteparo para receber a luz que atravessava as duas fendas. Ele viu, então, que um padrão de interferência de ondas apareceu na tela. Isso parecia sugerir que fótons, na forma de ondas, tinham passado pelas duas fendas. Mas o que poderia acontecer se a fonte de luz fosse tão

---

* A edição de 25 de junho de 2013 do periódico *Nature* relatou que Paul Busch, da Universidade de York, apresentou provas experimentais de alguns aspectos do Princípio da Incerteza de Heisenberg, mas reconheceu, ao mesmo tempo, que há outras teorias e experimentos, inclusive as de Masanao Ozawa, que hoje trabalha na Universidade Nagoya, no Japão, indicando que o princípio pode ser violado.

fraca que apenas um fóton fosse emitido de cada vez? Um único pacote de energia luminosa deveria se comportar como uma entidade corpuscular; ele deveria ser capaz de passar através de apenas uma das fendas. No entanto, mesmo nesse caso, um padrão de interferência se desenha na tela. Poderia até mesmo um único fóton comportar-se como uma onda?

John Wheeler realizou, nas décadas de 1970 e de 1980, toda uma série de experimentos mais precisos e sofisticados. Neles, os fótons também eram emitidos um de cada vez, e se fazia com que viajassem do canhão emissor até um detector. Este emite um clique quando um fóton o atinge. Um espelho semiprateado é inserido no trajeto do fóton; ele divide o feixe, dando origem à probabilidade de que um em cada dois fótons atravessa o espelho e prossegue em linha reta, e um em cada dois é desviado por ele. Para confirmar essa probabilidade, contadores de fótons que clicam quando atingidos por um fóton são colocados tanto atrás desse espelho como em ângulo reto com ele. A expectativa é a de que, na média, um em cada dois fótons viajará por uma via e o outro pela segunda via. Isto é confirmado pelos resultados: os dois contadores registram dois números aproximadamente iguais de cliques e, portanto, de fótons. Quando um segundo espelho semiprateado é inserido no trajeto dos fótons que não foram defletidos pelo primeiro espelho, ainda se esperaria ouvir um número igual de cliques nos dois contadores: os fótons emitidos individualmente teriam apenas trocado seus destinos. Mas essa expectativa não é confirmada pelo experimento. Apenas um dos dois contadores clica, nunca o outro. Todos os fótons chegam a um só e mesmo destino.

Parece que os fótons emitidos individualmente e, portanto, supostamente corpusculares interferem uns com os outros como ondas. Acima de um dos espelhos, sua interferência é destrutiva — a diferença de fase entre os fótons é de 180 graus —, de modo que as ondas associadas a eles cancelam-se mutuamente. Abaixo do outro espelho, a interferência é construtiva: a fase das ondas associadas aos fótons é a mesma e, como consequência, elas se reforçam mutuamente.

Fótons que interferem uns com os outros quando emitidos com poucos momentos de diferença no laboratório também interferem uns com os outros mesmo que tenham sido emitidos na natureza com diferenças de tempo consideravelmente grandes. A versão "cosmológica" do experimento de Wheeler testemunha isso. Nesse experimento, os fótons não são emitidos por uma fonte de luz artificial, mas por uma estrela distante. Em um dos experimentos, foram testados os fótons de um feixe de luz emitido não por uma estrela, mas por um duplo quasar conhecido como 0957 + 516A,B. Acredita-se que esse distante objeto quase estelar é uma estrela única e não dupla, pois depois se constatou que a dupla imagem era causada pela deflexão da sua luz por uma galáxia situada bem no caminho entre o quasar e a Terra, e a cerca de um quarto da distância entre esses corpos extremos medida a partir da Terra. (Acredita-se que a presença de uma galáxia, como de toda massa, curva a matriz espaçotemporal, e assim curva a trajetória dos feixes de luz que se propagam nas vizinhanças imediatas dela.) A deflexão causada pela ação dessa "lente gravitacional" é grande o suficiente para reunir dois raios de luz emitidos há bilhões de anos pelo quasar. Por causa da distância adicional percorrida pelo raio defletido pela galáxia interposta, esse raio viajou 50 mil anos a mais do que o raio que viajou pelo caminho direto. Mas, apesar de se originarem bilhões de anos atrás, e de chegarem no mesmo ponto separados por um intervalo de 50 mil anos, os dois raios de luz interferem um com o outro exatamente como se os fótons que os constituem tivessem sido emitidos com uma diferença de segundos no laboratório. Pelo que parece, quer as partículas de luz sejam emitidas em intervalos de alguns segundos no laboratório ou em intervalos de milhares de anos no Universo, aquelas que se originaram da mesma fonte criam padrões de interferência ondulatória umas com as outras.

A interferência de fótons e de outros *quanta* é extremamente frágil: qualquer acoplamento com outro sistema a destrói. Experimentos ainda mais recentes obtiveram uma constatação ainda mais espantosa. Descobriu-se que quando qualquer parte do aparelho experimental é acoplada com a fonte dos fótons, as franjas que indicam interferência entre eles desaparecem. Os fótons se comportam como partículas clássicas.

Outros experimentos foram concebidos para determinar por qual das fendas um dado fóton está passando. Nesses experimentos, um assim chamado "detector de qual caminho" está acoplado com a fonte emissora. O resultado é que, tão logo o aparelho esteja instalado, as franjas de interferência enfraquecem e acabam por desaparecer. O processo pode ser calibrado: quanto maior for a potência do "detector de qual caminho", maior será a parcela das franjas que desaparece (Wheeler, 1984).

Também aparece um fator ainda mais surpreendente. Em alguns experimentos, as franjas de interferência desaparecem assim que o aparelho detector está preparado para realizar a medição — e até mesmo quando o aparelho ainda não está ligado! Em experimentos de interferência óptica realizados por Leonard Mandel, dois feixes de luz de laser são gerados e levados a interferir. Quando está presente um detector que permite a determinação do caminho da luz, as franjas desaparecem. Mas elas desaparecem independentemente de a determinação ter sido efetivamente realizada ou não. Parece que a própria possibilidade de "detecção de qual caminho" colapsa a função de onda dos fótons: ela destrói o seu estado de superposição (Mandel, 1991). Essa descoberta foi confirmada em experimentos realizados na Universidade de Konstanz por Dürr e colaboradores em 1998 (Dürr, Nonn e Rempe, 1998). Nesses experimentos, as enigmáticas franjas de interferência foram produzidas pela difração de um feixe de átomos frios por ondas luminosas estacionárias. Quando não se faz nenhuma tentativa para detectar qual caminho os átomos estão tomando, o interferômetro exibe franjas de alto contraste. No entanto, quando se codifica dentro dos átomos informações a respeito do caminho que eles seguem, as franjas desaparecem. O curioso é que o próprio instrumento não pode ser a causa do colapso da função de onda — ele não dá nos átomos um "pontapé" que lhes imprima *momentum* suficiente, uma vez que o deslocamento do detector sob o efeito da ação reversa (o coice do recuo) é quatro ordens de grandeza menor que a separação das franjas de interferência. De qualquer maneira, para que o padrão de interferência desapareça, a rotulagem dos caminhos não precisa ser efetivamente realizada: basta que os átomos sejam rotulados de maneira que o caminho que eles tomam *possa* ser determinado. Pelo que parece, o aparelho de medição está "entrelaçado" com o objeto que é medido.

O entrelaçamento não ocorre apenas através do espaço; parece que também ocorre através do tempo. Evidências, obtidas por meio de observações, para essa hipótese frequentemente anunciada, mas que até agora era apenas especulativa, surgiram na primavera de 2013, em experimentos realizados no Instituto de Física Racah na Universidade Hebraica de Jerusalém. Os físicos Megidish, Halevy, Sachem, Dvir, Dovrat e Eisenberg codificaram um fóton em um estado quântico específico, e em seguida destruíram esse fóton; como resultado, até onde isso pode ser determinado, um fóton nesse estado quântico particular não mais existia. Então eles codificaram outro fóton para esse estado quântico específico. Eles descobriram que o estado da segunda partícula ficou instantaneamente entrelaçado com o estado quântico da primeira, mesmo que essa última já não existisse mais.

Isso demonstra um fato surpreendente: o entrelaçamento pode ser obtido entre partículas que nunca existiram ao mesmo tempo. Como isso pode acontecer? Os físicos especularam que o estado do primeiro fóton deve ter sido armazenado de alguma maneira no espaço-tempo (Megidish, Halevy, Sachem, Dvir, Dovrat e Eisenberg, 2013). O fenômeno do entrelaçamento espacial sugere a presença de um meio espaçotemporal que transmite o estado dos *quanta* ao longo de distâncias finitas. O fenômeno do entrelaçamento temporal reforça essa hipótese. Existem agora evidências observacionais produzidas experimentalmente de que o espaço-tempo é um meio instantaneamente interconectado e dotado de memória.

O Experimento EPR

A primeira demonstração de que *quanta* que uma vez existiram no mesmo estado quântico permanecem entrelaçados ao longo de distâncias finitas surgiu em resposta a um experimento de pensamento apresentado por Albert Einstein, Boris Podolski e Nathan Rosen, em 1935. O experimento EPR, ou de Einstein-Podolski-Rosen, tinha o nome de "experimento de pensamento" porque na época ainda não podia ser fisicamente testado.

Einstein e seus colegas sugeriram que consideremos duas partículas no chamado estado singleto, no qual seus *spins* se anulam mutuamente e produzem um *spin* total igual a zero. Nós, em seguida, permitimos que as partículas se separem e se afastem por uma distância finita. Então, deveríamos ser capazes de medir um estado de *spin* em uma das metades e o outro estado de *spin* na outra. Nesse caso, conheceríamos os dois estados ao mesmo tempo. Einstein acreditava que isso mostraria que a limitação especificada pelo princípio da incerteza de Heisenberg pode ser superada.

O princípio de Heisenberg nos diz que quanto maior for a precisão com que podemos especificar um dos parâmetros no estado quântico de uma partícula, como seu *momentum* ou seu *spin*, menor será a precisão com que poderemos especificar seus outros parâmetros, por exemplo, sua localização no espaço. Quando definimos completamente um parâmetro, os outros ficam inteiramente "borrados". (Como já observamos, de acordo com o princípio da indeterminação de Heisenberg, não é possível medir todos os parâmetros do estado quântico de uma partícula ao mesmo tempo.)

Einstein acreditava que essa interdição não é intrínseca à natureza; ela se deveria aos nossos sistemas de observação e de medição. Ele sugeriu o experimento de pensamento EPR para nos sugerir que, de fato, esse é o caso. No entanto, quando um dispositivo experimental sofisticado o bastante para testar o experimento EPR tornou-se praticável, descobriu-se que o princípio de Heisenberg se mantinha. Na verdade, ele se mantém sob condições que o próprio Einstein não havia imaginado; a saber, ao longo de qualquer distância finita.

Um grande número de experimentos já foi realizado até agora ao longo de distâncias cada vez maiores. Eles testemunham que há uma interconexão instantânea, intrínseca entre as partículas. A separação no espaço e no tempo não divide partículas que se originaram no mesmo estado quântico, independentemente de há quanto tempo elas compartilharam esse estado e de quão longe elas se afastaram uma da outra depois que se separaram. Não é nem mesmo necessário que as partículas tenham coexistido ao mesmo tempo. O fato de uma partícula se encontrar em um estado quântico compartilhado por outra partícula, no presente ou no passado, parece suficiente para criar uma interconexão instantânea entre elas. É nesse sentido que podemos dizer que o mundo quântico é intrínseco e totalmente não local.

NÃO LOCALIDADE E INTERCONEXÃO NO MUNDO VIVO

Conexões Não Locais no Organismo

Há mais de meio século, Erwin Schrödinger, convencido da não localidade do estado quântico, sugeriu que a não localidade não precisava se limitar ao mundo quântico. O tipo de ordem que se manifestava em sistemas vivos, disse ele, não é uma ordem mecânica: é uma ordem dinâmica. A ordem dinâmica não é uma ordem baseada em encontros aleatórios entre partes mecanicamente relacionadas, e não pode surgir por meio de colisões aleatórias entre moléculas individuais. É uma ordem baseada em conexões "não locais", ultrarrápidas, estabelecidas no âmbito de todo o sistema, entre todos os elementos do sistema, e até mesmo entre aqueles que não são mutuamente contíguos.

A genial intuição de Schrödinger é corroborada pela descoberta de que há tecidos nos sistemas vivos que formam os chamados condensados de Bose-Einstein. (Esses condensados, postulados pela primeira vez por Satyendra Bose e Albert Einstein em 1924, constituem uma massa de gás diluído formado de bósons resfriados até temperaturas próximas do zero absoluto. Sob essas condições, uma grande fração dos bósons ocupa o mais baixo estado quântico em que os efeitos quânticos tornam-se evidentes.) Foi apenas sete décadas depois, em 1995, que experimentos puderam demonstrar a presença desses condensados no organismo. A citação que justificava por que o prêmio Nobel de física de 2001 fora concedido a Eric A. Cornell, Wolfgang Ketterle e Carl E. Wieman destacava "a façanha de terem conseguido obter a condensação de Bose-Einstein em gases diluídos de átomos alcalinos, bem como os estudos fundamentais prévios que realizaram sobre as propriedades dos condensados". Cornell, Ketterle e Wieman mostraram que agregados super-resfriados de matéria — em seus experimentos, eles usaram átomos de rubídio ou de sódio — comportam-se como ondas não locais. Estas penetram em todo o condensado e formam padrões de interferência. Informações no interior dos condensados de Bose-Einstein são transferidas instantaneamente, produzindo o tipo de coerência anteriormente associado apenas a *lasers* e a sistemas quânticos.

A conexão não local instantânea entre todas as partes do organismo é uma precondição para que ele consiga manter o seu estado vivo. Tal conexão sugere que, em alguns aspectos, o organismo vivo é um sistema quântico macroscópico. Nos sistemas quânticos, conjuntos (*assemblies*) moleculares, quer estejam nas vizinhanças um do outro, quer estejam distantes, ressoam em fase: a mesma função de onda aplica-se a eles. Forças atrativas ou repulsivas são geradas, dependendo das relações de fase entre as funções de onda, e reações mais rápidas e mais lentas ocorrem em regiões onde as funções de onda coincidem. Por meio de tais processos, são geradas correlações de longo alcance não lineares, quase instantâneas, heterogêneas e multidimensionais. Enquanto reações moleculares em diferentes pontos realizam as funções individuais, a coordenação dessas funções ocorre por meio da não localidade, com a transferência multidimensional quase instantânea de informações entre os conjuntos.

Conexão Não Local entre Partes do Organismo: Observações Desbravadoras

Na década de 1960, o especialista em detectores de mentira (polígrafos) Cleve Backster colocou os eletrodos do seu aparelho nas folhas de uma planta em seu escritório. Para sua surpresa, ele descobriu que o instrumento registrava reações por parte da planta, as quais se correlacionavam com suas próprias experiências. Por exemplo, o polígrafo revelou acentuados desvios na resistência elétrica da planta no mesmo instante em que Backster quase sofreu um acidente na rua abaixo do seu escritório. A correlação se mantinha mesmo quando a folha era separada da planta e cortada do tamanho do eletrodo, ou cortada em pedaços e redistribuída entre as superfícies dos eletrodos.

Essas descobertas foram replicadas em experimentos subsequentes. Ben Bending, da Universidade da Califórnia, em Los Angeles, relatou que seus resultados "sustentam a afirmação de que as plantas têm algum tipo de faculdade perceptiva que lhes permite sentir a emoção humana" (Bending, 2012). Embora os sinais se manifestem eletricamente, a conexão pode não ser eletromagnética, pois gaiolas de Faraday e blindagens de chumbo não conseguem bloquear esses sinais. De acordo com Bending, isso sugere a possibilidade de uma conexão não local entre as plantas e as pessoas que cuidam delas.

Evidências de conexão não local entre diferentes partes de um mesmo organismo foram descobertas quando Backster (1968) coletou leucócitos orais (células brancas) da boca dos indivíduos que participaram do teste e os encaminhou para locais cuja distância com relação ao sujeito variava de 4,5 metros a mais de 12,8 quilômetros. Ele monitorou os potenciais elétricos efetivos das células e enviou os sinais para uma unidade de acionamento de papel de gráfico que fornecia um registro contínuo das mudanças. Então, estimulou seus sujeitos com imagens visuais escolhidas para evocar uma resposta emocional e observou as variações nos potenciais elétricos das células. Confirmou então que essas mudanças nos potenciais estavam correlacionadas no tempo, na amplitude e na duração com as respostas emocionais dos indivíduos.

Em um experimento, um jovem recebeu uma edição da revista *Playboy*. Quando ele chegou à foto da página central, que exibia uma imagem da atriz Bo Derek nua, seu EEG manifestou uma resposta emocional que durou todo o tempo em que ele olhou para a foto. Mudanças nos potenciais elétricos de suas células distantes espelhavam as mudanças em seu estado emocional. Quando ele fechou a revista, os valores de suas respostas retornaram à média. E quando ele decidiu pegar de novo a revista para dar outra olhada, a mesma reação voltou a se repetir nas células.

Uma correlação semelhante foi constatada quando se testou um artilheiro aposentado da Marinha dos Estados Unidos que estivera em Pearl Harbor durante o ataque japonês. Quando assistia a um programa de TV intitulado "The World at War", o ex-artilheiro não reagiu à derrubada de um avião inimigo pelo fogo da artilharia naval. No entanto, ele reagiu quando a queda ocorreu imediatamente depois que o documentário mostrou um *close* do rosto de um artilheiro naval norte-americano em ação. A essa altura — quando ele parecia ter projetado na cena suas próprias experiências de guerra —, suas células, localizadas a uma distância de 12,8 quilômetros dali, evidenciaram uma reação que se revelou correlacionada precisamente com a sua própria.

Como vimos no Capítulo 9, uma conexão não local persistente entre células removidas de um organismo e o organismo hospedeiro também foi descoberta em um conjunto independente de experimentos realizados pela Psionic Medical Society [Sociedade Médica Psiônica], no Reino Unido, que hoje se chama Lawrence Society for Integral Medicine [Sociedade Lawrence de Medicina Integral] (Psionic Medical Society, 2000). Os médicos, que eram membros da Sociedade, mas também tinham qualificação profissional acadêmica, tentaram obter acesso ao que chamam de "campo psi", um campo não local que, conforme dizem, envolve o organismo. Para obter acesso a informações no campo psi, esses médicos fazem uso de uma forma sofisticada de radiestesia médica. Eles descobriram que podiam diagnosticar seus pacientes a qualquer distância; tudo de que precisavam era o que chamavam de "testemunha", que podia ser qualquer amostra de proteína tirada do corpo do paciente, como um fio de cabelo ou uma gota de sangue. Eles podiam realizar o diagnóstico observando o movimento de um pêndulo que oscilava acima de um gráfico especialmente elaborado.

Em milhares de casos, a decodificação do movimento do pêndulo produziu um diagnóstico correto da condição dos pacientes.

As células que constituem a testemunha podem ser analisadas repetidamente, em qualquer momento e a qualquer distância do paciente. A informação que elas proporcionam reflete o estado de saúde do paciente no momento em que a análise é realizada, e não naquele em que as células foram removidas do corpo do paciente. Isso sugere que não é a condição real das células que transmite a informação — pois, nesse caso, a informação refletiria a condição do paciente no momento em que as células foram removidas. Em vez disso, elas refletem a condição física do paciente no momento em que os testes são realizados. Pelo que parece, as células permanecem não localmente conectadas com o organismo do qual foram removidas.

Essas descobertas, embora sejam surpreendentes à primeira vista, parecem perfeitamente justificáveis. Conexões super-rápidas e independentes da distância entre as partes do organismo são essenciais se o organismo deve manter a coerência de que ele necessita para se sustentar em seu estado vivo fisicamente instável e afastado do equilíbrio térmico e químico. As transmissões de sinais bioquímicos e neurais, que são relativamente lentas e restritas a banda estreita, não podem garantir por si mesmas um nível adequado de coerência no organismo. Apenas o "entrelaçamento" não local dos componentes celulares e subcelulares do organismo pode criar um fluxo suficientemente rápido de informações multidimensionais para manter o sistema no estado vivo.

Conexão Não Local entre Indivíduos

Conexões não locais também vêm à tona entre organismos discretos separados por distâncias tais que impediriam a ocorrência de conexões físicas e fisiológicas entre eles.

Experimentos usando formação de imagens por ressonância magnética funcional (fMRI) testaram o contato entre as atividades cerebrais de indivíduos que não estavam mantendo qualquer forma conhecida de comunicação entre eles. Jeanne Achterberg, do Saybrook Institute, pediu a onze agentes de cura para que escolhessem pessoas com quem sentiam uma conexão empática (Achterberg, Cooke, Richards, *et al.*, 2005). Os sujeitos escolhidos eram colocados em um *scanner* de ressonância magnética onde ficavam isolados de contatos sensoriais com os agentes de cura. Estes enviavam energia, preces ou boas intenções — a chamada intencionalidade a distância — em intervalos aleatórios, que eram desconhecidos tanto dos agentes de cura como dos sujeitos. Ao analisar os resultados, Achterberg encontrou diferenças significativas entre os períodos de "enviar" e de "não enviar" (controle) nas atividades de várias partes do cérebro dos sujeitos, a saber, as áreas cinguladas anterior e média, o pré-cúneo e as áreas frontais. A probabilidade de que essas diferenças tivessem ocorrido por acaso foi calculada, constatando-se que era de 1 em 10 mil.

Testes sobre os efeitos da intenção consciente oferecem mais evidências para a realidade da conexão não local entre indivíduos. Há muito tempo se sabe que a intenção focalizada de uma pessoa pode afetar o estado corporal de outra. Isso foi confirmado por antropólogos que pesquisavam o que é conhecido como "magia simpática" em culturas tradicionais. Em seu famoso estudo *The Golden Bough* [O Ramo Dourado], Sir James Frazer observou que xamãs nativos norte-americanos praticando vodu desenhavam a figura de uma pessoa em areia, cinzas ou argila, e em seguida a espetavam com uma vareta afiada ou lhe infligiam algum outro tipo de lesão. Dizia-se que o ferimento correspondente era infligido na pessoa que a figura representava. Antropólogos descobriram que a pessoa visada muitas vezes ficava doente, tornava-se letárgica e às vezes logo morria. Dean Radin, na Universidade de Nevada, testou a variante positiva desse efeito sob condições de laboratório.

Nos experimentos de Radin, os sujeitos criavam um pequeno boneco à sua própria imagem e forneciam vários objetos (imagens, joias, uma autobiografia e símbolos pessoalmente significativos) para "representá-los". Eles também faziam uma lista do que os levava a se sentirem nutridos e confortáveis. Essas informações e também aquelas que as acompanhavam eram utilizadas pelos agentes de cura para criar uma conexão simpática com os sujeitos. Estes eram conectados a dispositivos que monitoravam a atividade de seu sistema nervoso autônomo — a atividade eletrodérmica, a taxa de batimentos cardíacos e o volume da pulsação sanguínea — enquanto o agente de cura estava em um quarto acústica e eletromagneticamente blindado em um edifício adjacente. O agente de cura colocava o boneco ou os outros objetos fornecidos pelos sujeitos em uma mesa e concentrava-se neles, enquanto enviava aos sujeitos mensagens "nutritivas" (cura ativa) e de "descanso" aleatoriamente sequenciadas.

Nesses experimentos, a atividade eletrodérmica e a taxa de batimentos cardíacos dos sujeitos eram significativamente diferentes durante os períodos de nutrição ativa e os períodos de descanso, enquanto o volume da pulsação sanguínea era significativo por alguns segundos durante o período de nutrição. Tanto a taxa de batimentos cardíacos como a do fluxo sanguíneo indicavam uma "resposta de relaxamento" — o que fazia sentido, pois o agente de cura estava tentando "nutrir" o sujeito por intermédio do boneco. Por outro lado, uma taxa mais alta de atividade eletrodérmica mostrou que o sistema nervoso autônomo dos sujeitos estava ficando excitado. O porquê de isso acontecer intrigou de início os experimentadores, até que eles perceberam que os agentes de cura nutriam os sujeitos esfregando os ombros dos bonecos que os representavam, ou acariciavam seus cabelos e seu rosto. Para os sujeitos, isso funcionava como uma "massagem remota". Radin concluiu que as ações do agente de cura alcançavam o sujeito distante quase como se eles estivessem próximos um do outro.

As descobertas de Radin foram corroboradas por William Braud e Marilyn Schlitz em centenas de experimentos realizados ao longo de mais de uma década. Os experimentos testaram o impacto das imagens mentais dos emissores sobre a fisiologia dos receptores. Os efeitos se comprovaram semelhantes aos produzidos pelos próprios processos mentais dos sujeitos sobre seus corpos. A ação "telessomática" realizada por uma pessoa distante comprovou-se quase tão eficaz quanto a ação "psicossomática" realizada pelos próprios sujeitos.

Experimentos pioneiros que demonstraram a eficiência da cura a distância foram realizados pelo cardiologista Randolph Byrd (1988), ex-professor da Universidade da Califórnia, em Berkeley. Seu estudo de dez meses realizado com a ajuda de computador investigou os efeitos da intenção sobre pacientes internados na unidade coronariana do San Francisco General Hospital. Byrd formou um grupo de experimentadores constituído de pessoas comuns cuja única característica em comum era o hábito de realizarem preces regulares em congregações católicas ou protestantes em todo o país. Então, solicitou-se às pessoas selecionadas que orassem pela recuperação de um grupo de 192 pacientes; outro conjunto de 210 pacientes, para os quais ninguém orou no experimento, constituiu o grupo de controle. Foram utilizados critérios rígidos: a seleção foi realizada em regime de duplo-cego, isto é, nem os médicos e nem os enfermeiros sabiam quais pacientes pertenciam a quais grupos. Os experimentadores receberam os nomes dos pacientes e algumas informações sobre a sua condição cardíaca, e lhes foi pedido para que orassem por eles todos os dias. Não lhes foi dito mais nada. Como cada experimentador podia orar por vários pacientes, cada paciente tinha de cinco a sete pessoas rezando por ele.

Os resultados foram estatisticamente significativos. O grupo pelo qual os experimentadores rezaram estava cinco vezes menos propenso do que o grupo de controle a precisar de antibióticos (três *versus* dezesseis pacientes); apresentou probabilidade três vezes menor para desenvolver edema pulmonar (seis em comparação com dezoito pacientes); ninguém no grupo que recebeu as orações precisou de intubação endotraqueal (enquanto doze pacientes do grupo de controle precisaram); e morreram menos pacientes no primeiro grupo do que no segundo grupo (embora esse resultado particular não fosse estatisticamente significativo). Não importava o quão perto ou longe os pacientes estavam daqueles que oraram por eles, nem que tipo de oração foi praticado — só o fato de a prece ser concentrada e repetida parecia ter importado, sem que tivesse importância qual era o paciente a quem a prece se dirigia e onde ela ocorria.

Na forma de medicina alternativa que o médico Larry Dossey chama de "medicina não local da Era III", efeitos não locais são usados sistematicamente para a cura (Dossey, 1989). Por exemplo, pede-se a um sensitivo para que se concentre em um determinado paciente a partir de um local remoto. Como é demonstrado pela prática de vários agentes de cura, é suficiente fornecer o nome do paciente e sua data de nascimento. O neurocirurgião Norman Shealy muitas vezes passou por telefone essa informação a partir do seu escritório em Missouri para a diagnosticadora clarividente Caroline Myss, em New Hampshire. Ela diagnosticava os casos e enviava os resultados ao doutor Shealy. Este constatou posteriormente que nos primeiros cem casos o diagnóstico dela estava 93% correto.

Os exemplos acima meramente mostram a variedade de casos em que aparecem efeitos não locais. Eles testemunham que a não localidade no mundo vivo não é um fenômeno excepcional: é uma forma básica de interação, a precondição essencial da emergência e da evolução da vida na biosfera.

Conexões Não Locais entre Organismos e Ambientes

Conexões não locais entre organismos e ambientes não são reconhecidas na biologia oficial: até mesmo a possibilidade da sua existência é negada. Organismos estão relacionados com seus ambientes, e com o mundo além do organismo, por meio, e somente por meio, de interações transmitidas pelos campos clássicos e pelos processos bioquímicos. No entanto, acontece que até mesmo a fotossíntese, a base de toda a vida no planeta, depende de processos quânticos. Gregory Engel e seus colaboradores (Engel, Calhoun, Read, *et al.*, 2007) descobriram que a coerência quântica eletrônica mantida por um tempo adequadamente longo é necessária para explicar a extrema eficiência do processo fotossintético ao permitir que complexos moleculares amostrem enormes áreas do espaço de fase e encontrem o caminho mais eficiente.

Evidências de natureza mais geral para a existência de conexões não locais também se manifestam no decorrer da evolução biológica. Na ausência dessas conexões, seria extremamente improvável que a teoria clássica de Darwin referente à evolução das espécies por meio de mutações aleatórias no genoma pudesse responder pelo registro da evolução filogenética sobre a Terra. As rochas mais antigas datam de cerca de 4 bilhões de anos antes do nosso tempo, enquanto as mais antigas formas de vida — e mesmo assim já altamente complexas —, as cianobactérias azuis-esverdeados e outras bactérias, têm mais de 3,5 bilhões de anos.

Meio bilhão de anos parece um tempo muito longo, mas não longo o suficiente para explicar como espécies complexas poderiam ter evoluído por meio de mutações aleatórias. Até mesmo a "montagem" de um primitivo procarionte envolve a construção de uma dupla hélice de DNA que consiste em cerca de 100 mil nucleotídeos, cada um deles contendo um arranjo exato de trinta a cinquenta átomos, juntamente com uma bicamada de pele e com as proteínas que permitem à célula apanhar alimentos. Essa construção requer toda uma série de reações, finamente coordenadas umas com as outras. Se as espécies vivas contavam com variações aleatórias em um genoma isolado, o nível de complexidade que observamos nos domínios da vida provavelmente não seria alcançado nos cerca de meio bilhão de anos que estavam disponíveis a ele.

A probabilidade negativa de que eventos aleatórios produziriam espécies complexas dentro de prazos realistas é aumentada por considerações adicionais. Não é suficiente que as mutações produzam uma ou algumas mudanças positivas no *pool* genético de uma espécie; se as mudanças devem ser viáveis, elas precisam envolver todo o genoma. Por exemplo, a evolução das penas não produz um réptil capaz de voar, pois também são necessárias mudanças radicais na musculatura e na estrutura óssea, juntamente com um metabolismo mais rápido, para fornecer energia a um voo sustentado. Essas mudanças envolvem processos complexos: pelo menos nove variedades de rearranjos genéticos são conhecidas (transposição, duplicação de genes, mistura de éxons, mutação pontual, rearranjo cromossômico, recombinação, cruzamento cromossômico, mutação pleitrópica e poliploidia). Muitos desses rearranjos estão interligados. Não é muito provável que eles, quer ocorram isoladamente ou em combinação, produzam novas espécies a partir das antigas por meio de variações aleatórias do genoma. Não é provável que uma mutação aleatória resulte em vantagem evolutiva; é provável, isto sim, que ela torne a espécie menos apta a sobreviver, e não mais apta. E, nesse caso, em última análise, a espécie seria eliminada por seleção natural. No entanto, muitas espécies se revelaram viáveis, e sua evolução foi muito mais rápida do que o permitiria o espaço de busca da variação aleatória.

Além disso, a teoria sintética também é contestada por evidências segundo as quais o genoma não é totalmente isolado do fenoma,* e por isso não pode sofrer mutação isoladamente. Porém até mesmo o "genoma fluido", que é responsivo a influências, ou *inputs*, vindos do fenoma, não consegue explicar as macromutações precisas, rápidas e altamente focalizadas que se convocam para transformar a informação genética de uma espécie inviável em informação que codifica uma espécie nova e viável. Se o sistema genoma-fenoma deve produzir as mutações genéticas necessárias, ele precisa ser sensível a mudanças no ambiente do organismo e produzir respostas adaptativas a elas. No entanto, esse nível de sensibilidade ultrapassa o âmbito das interações atualmente conhecidas entre organismos e ambientes.

O paradigma oficial não consegue explicar como foi possível que espécies novas e viáveis tivessem emergido por meio de mutações aleatórias no genoma. De acordo com o físico matemático Sir Fred Hoyle, a probabilidade em questão é aproximadamente a mesma que permitiria a um furacão

---

* Embora pouco usada, mesmo em biologia, a palavra "*phenome*", que Laszlo adota para contrapô-la à "genoma", designa a soma total das características fenotípicas de um organismo, ou o conjunto de todos os seus fenótipos. Apesar de não haver uma definição amplamente adotada, o site fenotipo. com, de Guillermo Pérez, destaca o seguinte: "Corpo de informação que descreve os fenótipos de um organismo sob a influência de fatores genéticos e ambientais." (Varki e Altheide, 2005) (N.T.)

soprando sobre uma sucata erguer o material presente e montar um avião em perfeitas condições de funcionamento.

Em 1937, o biólogo Theodosius Dobzhansky observou que o nascimento de uma nova espécie por mutação genética seria impossível na realidade, mesmo que esse nascimento ocorresse em uma "escala quase geológica". No entanto, novas espécies aparecem muito mais depressa do que isso. Em sua teoria do "equilíbrio pontuado", Stephen Jay Gould e Niles Eldredge observaram que as populações que têm mais probabilidade de sofrer mutações são perifericamente isoladas e relativamente pequenas. As mudanças em seus genomas são rápidas e, no entanto, precisas, e muitas vezes não levam mais do que 5 mil a 10 mil anos. Isso torna o tempo geológico de evolução da espécie um período insignificantemente curto — um instante evolutivo.

A evolução da espécie, assim como a automanutenção de organismos individuais, não pode contar apenas com as variedades conhecidas de interações bioquímicas. Esta é uma evidência indireta, mas cogente de que a evolução de formas de vidas superiores precisa envolver conexões multidimensionais quase instantâneas entre organismos e partes de organismos.

Conexões Não Locais e a Presença da Vida

Durante a maior parte do século XX, cientistas acreditaram que a vida no universo era uma ocorrência aleatória, que surgiu por causa de uma coincidência afortunada, para a qual um conjunto de condições em si mesmas improváveis acabou se reunindo. Sabia-se que, para a vida surgir, não apenas as constantes e os parâmetros básicos do universo precisavam estar ajustados com uma precisão de sintonia fina, mas outras condições também precisavam ser satisfeitas. É necessário que haja um planeta com a massa correta e que orbite na distância correta de uma estrela anã branca que ocupe a posição G2 na sequência principal; o planeta precisa ocupar uma órbita quase circular; precisa ter uma atmosfera rica em oxigênio e nitrogênio, uma grande lua e uma velocidade de rotação moderada; precisa estar situado à distância correta do centro da galáxia, precisa conter água líquida em sua superfície, e a razão entre as partes de água e de massa de terra precisa estar correta. Por último, mas não menos importante, precisa estar protegido contra asteroides por gigantescos planetas gasosos em seu sistema solar.

Sustentou-se que as exigências necessárias para a ocorrência de fatores tão improvavelmente coincidentes torna a vida um acontecimento excepcional no universo. Mas essa visão foi contestada por uma surpreendente descoberta publicada em outubro de 2011. Uma equipe de pesquisadores liderados por Sun Kwok e Yong Zhang (2011), da Universidade de Hong Kong, informou que moléculas orgânicas, os blocos de construção básicos da vida, são criadas em estrelas. Cerca de 130 dessas moléculas foram encontradas quando este texto estava sendo redigido, entre elas a glicina, um aminoácido, e o etilenoglicol, o composto associado com a formação das moléculas de açúcar necessárias à vida.

Trabalhando com o Telescópio Espacial Spitzer da NASA, os astrofísicos descobriram que água, metanol e dióxido de carbono revestem partículas de poeira que circundam estrelas da Constelação de Touro distantes da Terra 400 anos-luz. Essas substâncias aparecem em nuvens de poeira interestelares e em discos de poeira formadores de planetas que circundam estrelas. Parece que, em vários estágios de sua evolução, estrelas ativas ejetam compostos orgânicos no espaço interestelar, distribuindo as moléculas ao longo de enormes regiões. A NASA observou que, embora tais materiais tenham sido encontrados em outros lugares, "esta é a primeira vez que eles foram vistos de maneira inequívoca na poeira que compõe gases formadores de planetas". Essa observação é uma anomalia não apenas para a teoria-padrão da cosmologia, mas também para a astrofísica contemporânea como um todo. No entanto, como escrevem Kwok e seus colaboradores, "nosso trabalho mostrou que as estrelas não encontram nenhum problema para construir compostos orgânicos complexos em condições próximas às do vácuo". Embora isso seja teoricamente impossível, essas observações mostraram que a presença anômala dessas moléculas em meio à poeira de fato está acontecendo.

Essa constatação segundo a qual moléculas orgânicas são sintetizadas nas estrelas é uma descoberta muito importante. Ela nos diz que a vida não é uma "anomalia" no universo — os próprios processos subjacentes à evolução das estrelas fornecem o molde para a evolução de sistemas biológicos. Pelo que parece, apenas as formas superiores de vida — os sistemas bioquímicos complexos capazes de metabolismo e de reprodução — requerem uma combinação altamente específica de condições que tem probabilidade de ser estatisticamente rara no universo.

Conexões Não Locais e a Biologia Oficial

Conexões do tipo quântico dentro do organismo e entre organismos não são reconhecidas pela biologia oficial. Com relação a processos dentro do organismo, elas não são consideradas necessárias, e com relação a conexões entre organismos distantes, as evidências são consideradas espúrias.

Acredita-se que interações locais e deterministas ocorrendo dentro do organismo são suficientes para responder pelos fatos. Também se acredita que uma parte do organismo determina o estado das outras partes. No entanto, com frequência, não é isso o que acontece. Interações moleculares não determinam rigorosamente funções e processos que atuam no organismo. Até mesmo a variedade genética de determinismo (a doutrina de que genes no organismo contêm o conjunto completo de instruções para a construção de todo o organismo) é inadequada para se explicar os fatos observados. Embora seja verdade que os genes determinam a sequência de aminoácidos das moléculas de proteína por meio da criação de cópias dos RNAs mensageiros, isso não determina completamente as funções do organismo. O organismo é um sistema altamente integrado no qual processos envolvem e articulam todos os níveis simultaneamente, do microscópico ao molecular e ao macroscópico. Os ajustes, as respostas e as mudanças necessárias à manutenção do sistema propagam-se em todas as direções ao mesmo tempo e estão sensivelmente sintonizados com as condições no ambiente do organismo. Alguns processos de desenvolvimento básicos estão inteiramente fora do controle da genética ou são apenas indiretamente afetados pelos genes. Em uma coletânea de estudos publicados por Hans-Peter Dürr, Fritz-Albert Popp e Wolfram Schommers, o biofísico russo Lev Beloussov sugeriu que a verdade pode ser o oposto do determinismo genético: os próprios genes poderiam ser servos obedientes cumprindo ordens poderosas emitidas pelo restante do organismo (Beloussov, 2002).

O determinismo genético defronta-se com o chamado paradoxo do valor C (em que C representa a complexidade e o valor C denota o tamanho do conjunto haploide de cromossomos do organismo, isto é, o tamanho da sua sequência de DNA), bem como o paradoxo do número de genes (o paradoxo da redundância de genes). Em relação ao valor C, as descobertas empíricas são contrárias às expectativas. Se a informação codificada no genoma fornecesse uma descrição mais ou menos completa do organismo, a complexidade do fenoma (o organismo de carne e sangue) deveria ser proporcional à complexidade do genoma: organismos mais complexos deveriam ter informações genéticas mais complexas. No entanto, a complexidade do genoma e a complexidade do organismo não estão correlacionadas. O Projeto Genoma Humano identificou menos de 40 mil genes no genoma humano, um número surpreendentemente pequeno. Até mesmo uma ameba tem duzentas vezes mais DNA por célula do que um ser humano.

Também é intrigante o fato de que espécies estreitamente relacionadas do ponto de vista filogenético tenham genomas radicalmente diferentes. O tamanho do genoma de roedores estreitamente relacionados varia, com frequência, por um fator de dois, e o genoma da mosca-doméstica é cinco vezes maior que o genoma da mosca-das-frutas. Ao mesmo tempo, alguns organismos filogeneticamente distanciados entre si têm estrutura genética semelhante. Dadas essas discrepâncias, é difícil perceber como a estrutura do genoma poderia determinar a estrutura do fenoma. Um e o mesmo gene pode produzir diferentes proteínas, e diferentes genes podem produzir uma e a mesma proteína. O funcionamento complexo e coerente do organismo vivo não pode ser explicado unicamente, ou mesmo principalmente, com referência à instrução genética que governa a interação molecular.

Recentes observações comprovam que o estado vivo não é mantido por regulação genética, mas, fundamentalmente, por regulação *epigenética*. A regulação epigenética não muda a sequência de genes no DNA, mas determina o efeito da sequência sobre o organismo. Dessa maneira, até mesmo informações genéticas são alteráveis no organismo, e pelo organismo. E, visto que o organismo está em comunicação contínua com seu ambiente, a informação genética também é alterável pelo ambiente do organismo. A regulação epigenética "liga" e "desliga" os genes no organismo de acordo com as necessidades. Há evidências observacionais mostrando que esse tipo de regulação pode ser transmitido para as gerações seguintes.

Outras observações indicam que no organismo o canal de comunicação, o veículo que garante sua coerência macroscópica, é a água. O organismo humano contém mais de 70% de água, e essa água não é o mesmo líquido que a água encontrada no ambiente: é estrutural e dinamicamente diferente (Del Giudice e Pulselli, 2010). O conjunto das ondas eletromagnéticas liberado no organismo durante um ciclo bioquímico é impresso na água em seu interior. O organismo "informa" a água que ele contém, e a água informada cria canais de comunicação em todo o organismo. A transferência de informações entre a água informada no organismo e suas células e sistemas celulares harmoniza a fase das ondas emitidas por esses últimos, e isso contribui para a coerência macroscópica do organismo. Essa harmonização transmitida pela água é um processo não local: ele não envolve nenhuma forma conhecida de energia.

As descobertas que estão vindo à luz no que se refere à biofísica da água, juntamente com os quebra-cabeças com que se defronta o determinismo molecular e genético, corroboram a corajosa hipótese de Hans Fröhlich segundo a qual todas as partes do sistema vivo criam campos em várias frequências, e esses se propagam por todo o organismo. Por meio da água informada, a frequência de ressonância específica de moléculas e células do organismo é harmonizada, e ocorrem correlações de fase de longo alcance. Estas são semelhantes àquelas que se manifestam nos estados de superfluidez e supercondutividade, embora não sejam tão pronunciadas quanto elas.

O UNIVERSO INTERCONECTADO NÃO LOCALMENTE

Concluímos esta revisão concisa das evidências da não localidade e da interconexão nos principais campos da investigação científica apresentando um quadro do mundo em grande escala, uma imagem na qual a não localidade e a interconexão são fenômenos universais. Começamos essa revisão com um resumo do chamado modelo-padrão do universo.

O Modelo-Padrão

De acordo com o modelo-padrão da cosmologia física, um único evento criou o mundo, uma singularidade não recorrente e inexplicável conhecida como Big Bang. Supõe-se que o universo tenha-se originado nessa instabilidade explosiva que ocorreu há 13,75 ± 0,13 bilhões de anos. Uma região do pré-espaço cósmico explodiu, criando uma bola de fogo na qual o calor e a densidade atingiram graus inimagináveis. Nos primeiros milissegundos, essa explosão sintetizou toda a matéria que povoa o espaço e o tempo. Os membros dos pares partícula-antipartícula que emergiam do pré-espaço cósmico colidiam uns com os outros e aniquilavam-se mutuamente; um bilionésimo do número de partículas originalmente criadas sobreviveu às colisões (o minúsculo excesso de partículas sobre antipartículas). Foi esse número que passou a constituir aquilo que chamamos de matéria do universo.

Depois de cerca de 400 mil anos, fótons desacoplaram-se do campo de radiação da bola de fogo primordial: o espaço tornou-se transparente, e aglomerados de matéria estabeleceram-se como entidades distintas. Em consequência da atração gravitacional, esses aglomerados condensaram-se em estrelas e sistemas estelares e criaram gigantescos redemoinhos que, depois de cerca de 1 bilhão de anos, tornaram-se galáxias.

Anomalias no Modelo-Padrão

O universo que evoluiu como resultado da explosão primordial acabou por adquirir um equilíbrio preciso entre contração e expansão. A análise feita em computador de cerca de 300 milhões de observações realizadas pela primeira vez por intermédio do COBE (Cosmic Background Explorer Satellite) [Satélite Explorador do Ruído de Fundo Cósmico], da NASA, em 1991, forneceu uma notável confirmação. Medições detalhadas da radiação cósmica de fundo, que vibra na faixa das micro-ondas — a suposta radiação remanescente do Big Bang — indicam que as variações não são distorções causadas pela radiação de corpos estelares, mas são os remanescentes de flutuações diminutas que ocorreram na bola de fogo cósmica quando ela tinha menos de um trilionésimo de segundo de idade. Em abril de 1992, uma equipe de astrofísicos liderada por George Smoot (Smoot e Davidson, 1994) anunciou que, ao mapear a intensidade da radiação da bola de fogo primordial, eles descobriram minúsculas variações que, sob a ação da gravitação, agiram como sementes a partir das quais ocorreu a evolução das macroestruturas do universo.

Medições da radiação de fundo revelam a densidade da matéria do universo, isto é, o número de partículas que foram criadas na explosão primordial e que não foram aniquiladas nas colisões partícula-antipartícula que se seguiram a ela. Se as partículas sobreviventes corresponderem a uma densidade da matéria superior a certo número (estimado em 5×10^{-26} g/cm³), a força de atração gravitacional associada à quantidade total de matéria excederá, em última análise, a força inercial gerada pela explosão primordial, e nesse caso o universo será "fechado": ele colapsará sobre si mesmo. Se a densidade da matéria for inferior a esse número, a expansão continuará a dominar a gravitação. Nesse caso, o universo será "aberto": ele se expandirá indefinidamente. No entanto, se a densidade da matéria tiver exatamente o valor crítico, as forças de expansão e de contração se equilibrarão mutuamente e o universo será "plano". Ele permanecerá equilibrado no fio da navalha entre as forças opostas de expansão e de contração.

Recentes descobertas mostram que o universo criado na sequência da explosão primordial apresentava uma sintonia fina de uma precisão inacreditável de uma parte em 10^{50}.

Medições sofisticadas também revelam que a densidade da matéria do universo não é a única grandeza que ajusta, com uma precisão de sintonia fina, o equilíbrio entre expansão e contração, pois as partículas existentes também estão afinadas com exatidão com os macroparâmetros do universo. Assim, aplicando a célebre relação de Einstein entre massa e energia ($E = mc^2$), constata-se que o tamanho do elétron (indicado pelo seu raio, que é de $r_o = 6 \times 10^{-15}$ metros) é uma consequência do número de elétrons que há no universo (como é dado pelo número de Eddington, aproximadamente 2×10^{79} no universo de Hubble, cujo raio é $R = 10^{26}$ metros).

Além disso, as constantes físicas do universo também mantêm entre si uma surpreendentemente bem afinada relação de sintonia. O físico Dezső Sarkadi descobriu que uma regra exponencial simples ($Q = 2/9 \approx 0,222...$) é mantida quando a relação entre uma constante e outra é quantificada (Sarkadi e Bodonyi, 1999).*

Menas Kafatos e colaboradores (Kafatos e Nadeau, 1999) apresentaram outras relações entre os macroparâmetros do universo. Relações invariantes com relação à escala aparecem entre a massa constituída pelo número total de partículas do universo, a constante gravitacional, a carga do elétron, a constante de Planck e a velocidade da luz. Entre outras coisas, todos os comprimentos se confirmam proporcionais à escala do universo. Isso sugere um nível de coerência vertiginosamente alto entre as constantes do

---

* Sarkadi mostrou que as constantes físicas fundamentais relacionam-se entre si por meio de potências de Q. (N.T.)

cosmos. Kafatos afirma de maneira inequívoca que o universo inteiro está instantaneamente interconectado e é, portanto, um universo não local.

Formas inesperadas de coerência e, portanto, de não localidade também vêm à luz nos processos que levam à evolução da vida. As forças e as constantes básicas do universo estão sintonizadas com precisão para criar condições que permitam a emergência do tipo de sistemas complexos nos quais a vida se baseia. Uma diferença diminuta na intensidade do campo eletromagnético em relação ao campo gravitacional teria impedido a evolução de tais sistemas, uma vez que estrelas quentes e estáveis como o nosso Sol poderiam não ter surgido. Se a diferença entre a massa do nêutron e a do próton não fosse exatamente o dobro da massa do elétron, nenhuma reação química substancial poderia ocorrer. E se a carga elétrica do elétron não equilibrasse com precisão a do próton, todas as configurações da matéria seriam instáveis e o universo consistiria apenas em radiação e em uma mistura relativamente uniforme de gases.

No entanto, neste universo, a constante gravitacional ($G = 6,67 \times 10^{-11}$ Nm^2/s^2) tem exatamente o grau de precisão necessário para que estrelas possam se formar e brilhar durante um tempo longo o suficiente para permitir a evolução da estrutura das galáxias, incluindo sistemas solares dentro dessas galáxias. Se G fosse menor, as partículas não seriam comprimidas com uma pressão suficiente para levá-las a atingir a temperatura e a densidade para dar início ao processo de combustão do hidrogênio: estrelas como o nosso Sol teriam permanecido em estado gasoso. Se, por outro lado, G fosse maior do que é, estrelas teriam se formado, mas queimariam mais depressa e durariam menos tempo, tornando improvável que a vida pudesse evoluir nos planetas que as orbitassem.

De maneira semelhante, se a constante de Planck ($h = 6,62606957 \times 10^{-34}$ J·s) fosse ainda mais diminuta do que já é, as reações nucleares que produzem carbono não poderiam ocorrer nas estrelas — e, consequentemente, sistemas complexos baseados em ligações de carbono não poderiam surgir em alguns dos seus planetas. Porém, dados os valores reais de G e h, e de toda uma coleção de constantes universais (incluindo a velocidade da luz, o tamanho e a massa do elétron e as relações entre o tamanho do próton e os tamanhos do núcleo), sistemas complexos e, portanto, a vida poderiam de fato surgir em alguns planetas que orbitam estrelas ativas. Esse nível de coerência e, portanto, a própria presença da vida estão além do alcance do modelo-padrão: eles são uma anomalia inexplicável no âmbito desse paradigma.

Outra característica que indica a presença de coerência no universo é a uniformidade da radiação de fundo. Sabe-se que a radiação de fundo, que ocorre na faixa das micro-ondas, e que foi irradiada quando o Universo tinha cerca de 380 a 400 mil anos de idade, é isotrópica, isto é, é a mesma em todas as direções. Isso pede uma explicação. Sinais físicos não poderiam ter sintonizado conjuntamente as várias regiões do universo em expansão porque, quando a radiação de fundo foi emitida, os lados opostos do universo já estavam afastados por uma distância de 10 milhões de anos-luz, e a luz só poderia ter viajado 100 mil anos-luz nessa época. Desse modo, embora não pudessem estar conectadas por forças e por sinais clássicos logo depois dos primeiros microssegundos que se seguiram à explosão que criou o nosso universo, até mesmo galáxias e outras macroestruturas distantes umas das outras evoluem de maneira uniforme.

O cosmólogo Alan Guth (1997) propôs a teoria da inflação (que é um tanto surpreendente) para responder por esse "problema do horizonte". De acordo com essa teoria, durante o lapso de tempo de Planck, de 10^{-33} de segundo, imediatamente após o nascimento do universo, o espaço se expandiu com uma velocidade maior que a da luz. Isso não violou a relatividade geral, uma vez que não foi a matéria que se movimentou com uma velocidade supraluminal, mas foi o espaço — a matéria permaneceu parada relativamente ao espaço. Durante esse tempo de Planck inicial, todas as partes do universo estavam em contato, compartilhando a mesma densidade e a mesma temperatura. Em seguida, à medida que o universo se expandia, algumas partes se afastaram para além do alcance do contato físico e evoluíram independentemente. Mas elas poderiam evoluir de maneira uniforme, uma vez que estiveram ligadas por ocasião do nascimento do universo.

Modelos de Multiverso

Cosmologias que concebem o universo como um ciclo em um "multiverso" mais vasto e concebivelmente infinito têm aparecido nas últimas décadas, e, na opinião de muitos cosmólogos, representam um melhoramento relativamente ao modelo-padrão do universo único.

A expressão *multiverso* foi usada pela primeira vez por William James em 1895 (em seu livro *The Will to Believe and Other Essays in Popular Philosophy*), mas a ideia em si fora apresentada previamente por Nicolau de Cusa no século XV. Foi adotada por Giordano Bruno em seu tratado de 1584 *Sobre o Infinito, o Universo e os Mundos*. Bruno assinalou que se nós considerarmos o universo como uma infinitude única, então precisaremos necessariamente distinguir entre "universo" e "mundo". O "universo", escreveu, é uma infinitude única que abriga uma pluralidade de mundos.

Um dos primeiros modelos modernos de multiverso foi obra do físico John Wheeler. Em seu modelo, apresentado há mais de três décadas, a expansão do nosso universo acaba chegando ao fim, e ele colapsa de volta em si mesmo. Seguindo-se a esse "Big Crunch" [Grande Esmagamento ou Grande Implosão], uma nova fase de expansão passa a atuar. Nas incertezas quânticas que dominam o estado de superesmagamento, há possibilidades quase infinitas para a emergência de um novo universo.

Novos universos também poderiam ser criados dentro de buracos negros. As densidades extremamente altas dessas regiões do espaço-tempo representam singularidades recorrentes nas quais as leis da física não se aplicam. Stephen Hawking e Alan Guth sugeriram que nessas condições a região espaçotemporal do buraco negro separa-se do restante e se expande para criar um universo próprio. Desse modo, o buraco negro de um universo pode ser o "buraco branco" de outro: é o "Bang" que o cria.

Outra cosmologia de multiverso foi elaborada por Ilya Prigogine, J. Geheniau, E. Gunzig e P. Nardone (1988). A teoria deles sugere que enormes explosões criadoras de matéria ocorrem de tempos em tempos. A geometria de grande escala do espaço-tempo cria um reservatório de "energia negativa" (que é a energia necessária para erguer um corpo, deslocando-o no sentido oposto ao da força gravitacional que atua sobre ele), e desse reservatório matéria gravitante extrai energia positiva. Desse modo, a gravitação está na raiz de uma síntese contínua de matéria: ela produz um moinho de criação perpétua de matéria. Quanto mais partículas são geradas, mais energia negativa é produzida e, em seguida, transferida como energia positiva para a síntese de um número ainda maior de partículas.

Uma vez que a matriz cósmica (o "vácuo") é instável na presença de interações gravitacionais, a matéria e a matriz formam um ciclo de *feedback* autogerador. Uma instabilidade crítica desencadeada pela matéria faz com que a matriz transite para o modo inflacionário, e esse modo assinala o início de uma nova era de síntese de matéria — de síntese de um novo universo.

Há outras cosmologias que também postulam a criação contínua de matéria, entre elas a QSSC (Quasi-Steady State Cosmology, Cosmologia de Estado Quase Estacionário), apresentada por Fred Hoyle com Geoffrey Burbidge e J. V. Narlikar (1993). O modelo original de Hoyle, apresentado em 1983, exigia criação contínua, relativamente linear, de matéria no espaço, por meio da qual universos bebês são periodicamente criados em explosões semelhantes à que deu origem ao nosso próprio universo. Esses "eventos criadores de matéria" estão espalhados ao longo de todo o universo.

Como a versão original da teoria encontrou discrepâncias empíricas, ela foi substituída por uma versão que exige a criação de matéria preferencialmente em regiões de alta densidade material, onde a gravidade é intensamente negativa. A teoria revisada sugere que a mais recente explosão criadora de matéria ocorreu há cerca de 14 bilhões de anos, em um bom acordo com as estimativas independentes da idade do universo.

Uma teoria mais recente baseada na criação contínua emerge da cinética subquântica, uma teoria de reação-difusão no éter proposta por Paul LaViolette (veja o Apêndice II, mais adiante). Assim como na cosmologia QSSC, a cinética subquântica requer que a matéria seja criada mais rapidamente em regiões de alta densidade material, embora esse aspecto dependente da densidade emerja como uma previsão da física da teoria e não como uma suposição acrescentada. Enquanto a QSSC supõe que a criação contínua ocorre em um espaço em contínua expansão, a cinética subquântica supõe que universo não está se expandindo. Ela interpreta o deslocamento para o vermelho cosmológico não como um efeito Doppler de recessão, mas como um efeito de perda de energia por um processo a que chama de *tired light* (literalmente, "luz cansada") baseado no sistema de equações fundamentais da teoria.

Uma cosmologia de multiverso particularmente sofisticada foi apresentada por Paul J. Steinhardt, de Princeton, e Neil Turok, de Cambridge (Steinhardt e Turok, 2002). Seu modelo responde por todos os fatos explicados pelo modelo-padrão e também explica uma observação que é uma anomalia para esse último: a expansão acelerada das galáxias distantes. De acordo com Steinhardt e Turok, o universo passa por uma sequência interminável de épocas cósmicas, cada uma delas começando com um "Bang" [explosão expansiva] e terminando por um "Crunch" [implosão]. Cada ciclo passa por um período de expansão gradual e, em seguida, acelerada, seguido por outro período de reversão e contração.

Steinhardt e Turok estimam que, atualmente, estamos cerca de 14 bilhões de anos do início do ciclo atual, e no início de um período de um trilhão de anos de expansão contínua e continuamente acelerada. Na fase final, o espaço se torna homogêneo e plano, e um novo ciclo se põe a caminho.

O cosmólogo Leonard Susskind (2006) sugere que o número estonteante de universos sugeridos pela teoria M, uma versão recente da teoria das cordas, não é uma falha nessa teoria, mas uma profunda e aguçada percepção da natureza da realidade: cada solução das equações da teoria

M corresponde a um universo real, com todas as suas leis e constantes. A completa gama de universos governados por todas as leis possíveis é a "paisagem", e a coleção de todos os universos descritos por essas leis é o multiverso.

A mesma ideia está no cerne da versão de Andrei Linde da teoria da inflação (1990, 2004). De acordo com Linde, a explosão super-rápida que acompanhou o nascimento do nosso universo foi reticulada, constituída por várias regiões individuais. O que conhecemos como Big Bang teve regiões distintas, como uma bolha de sabão na qual bolhas menores estão presas conjuntamente. Quando essa bolha estoura, as bolhas menores se separam e cada uma delas forma uma bolha distinta. Os universos-bolhas infiltram-se para fora do aglomerado original e seguem seu próprio caminho evolutivo.

Cada universo produz suas próprias constantes físicas, e essas podem ser muito diferentes umas das outras. Por exemplo, a gravidade em alguns universos poderia ser tão intensa que as estruturas materiais recolapsariam quase instantaneamente; em outros, a gravidade poderia ser tão fraca que nenhuma estrela se formaria. Acontece que o nosso universo-bolha proporciona exatamente as condições corretas necessárias para a evolução de sistemas complexos e, portanto, de vida. A ideia básica dessa teoria recebeu um impulso em 2011, quando Hiranya Peiris, uma cosmóloga da University College, de Londres, percebeu que a criação de universos-bolhas deixaria padrões característicos no ruído de fundo cósmico na faixa das micro--ondas, e esses padrões poderiam ser detectados pelo telescópio Planck. Realmente, padrões que podem ser assinaturas de universos-bolhas têm sido encontrados na radiação cósmica de fundo, embora sua plena verificação ainda não tenha sido confirmada.

Uma ideia análoga está presente nas cosmologias apresentadas por Lee Smolin, Stephen Hawking, Steven Weinberg e Max Tegmark, entre outros. De acordo com Martin Rees, a "revolução multiversal" da atualidade é tão profunda quanto a Revolução Copernicana o foi no século XVII.

APÊNDICE II

O Paradigma Akáshico na Física

Duas Hipóteses

De acordo com o paradigma Akáshico, os fenômenos observáveis do mundo são manifestações de uma dimensão fundamental em-si-mesma-não-observável. É nessa dimensão que surgem os fenômenos manifestos, e é nela que suas leis e interações são codificadas.

Até recentemente, a demonstração da validade dessas afirmações estava além do âmbito da física. Com a emergência da teoria do espaço-tempo holográfico e a descoberta paralela do amplituedro (veja o Capítulo 4), a hipótese de uma dimensão primordial para além do espaço-tempo tornou-se parte do discurso da linha de frente da física, em particular da física quântica dos campos. A fulgurante percepção que desponta nessas novas descobertas é o reconhecimento de que os eventos que observamos no espaço-tempo estão codificados além do espaço-tempo. De acordo com a interpretação que oferecemos aqui, eles estão codificados no Akasha: a dimensão "profunda" ou "oculta" do cosmos.

A primeira hipótese, por Paul LaViolette, aborda a dinâmica por meio da qual os fenômenos que encontramos no espaço-tempo são gerados no domínio profundo que ele chama de "éter transmutante". Sua cinética subquântica postula a presença de entidades subquânticas intrinsecamente não observáveis (chamadas "éterons"). Em sua interação, os éterons criam as constantes físicas do universo.

A segunda hipótese, de Peter Jakubowski, oferece uma demonstração suplementar de que a totalidade da física contemporânea, com todas as suas equações, unidades e constantes, pode ser derivada da dimensão profunda akáshica, aliás o Campo Quântico Universal. Em suas diferentes maneiras e com seus diferentes métodos, as duas hipóteses destacam o mesmo ponto essencial: os fenômenos observados no espaço-tempo originam-se em processos e relações — e precisam se referir a processos e relações — que se encontram além do espaço-tempo, em uma dimensão que chamamos, em homenagem a uma percepção iluminadora clássica, de *o Akasha*.

HIPÓTESE 1:
O ÉTER TRANSMUTANTE

Paul A. LaViolette

A dimensão Akáshica é o "éter transmutante", uma matriz cósmica ativa que dá origem à forma física. Seus multiformes componentes, chamados "éterons", reagem entre si, transformando-se e difundindo-se por todo o espaço. Seus processos entrelaçantes ligam todo o éter em uma unidade orgânica.

Em si mesmos, os éterons não têm massa, carga ou spin. *As propriedades de massa e de* spin *aparecem quando os éterons se auto-organizam em campos solitônicos, padrões de concentração etérica que reconhecemos como partículas materiais. Nêutrons nucleiam-se espontaneamente a partir de flutuações elétricas e gravitacionais de grande magnitude no estado de vácuo do éter. A carga surge em seguida como uma reestruturação organizacional secundária quando o progenitor de um nêutron transforma-se de forma espontânea em um próton positivamente carregado com a emissão de um elétron negativamente carregado e de um antineutrino.*

O éter, concebido aqui como a dimensão Akáshica, é a realidade última; seus gradientes de concentração constituem a causa primordial do movimento. A força é um efeito derivado da tensão (uma distorção do padrão solitônico etérico da partícula subatômica) engendrado quando um gradiente de concentração é superposto a ela. — E.L.

O NOVO CONCEITO DO ÉTER

A *cinética subquântica* é uma teoria do campo unificado cuja descrição de fenômenos microfísicos tem um fundamento teórico na teoria geral dos sistemas (LaViolette, 1985a, 1985b, 1985c, 1994, 2013). Ela concebe as partículas subatômicas como padrões de onda de Turing localizados e que se auto-organizam dentro de um meio subquântico que funciona como um sistema aberto de reação-difusão. Esse meio não expansivo, denominado *éter transmutante*, forma o substrato a partir do qual toda forma física emerge no universo. Esse substrato, que requer mais de três dimensões para sua descrição, difere dos éteres mecânicos do século XIX pelo fato de ser continuamente ativo e de os seus multiformes componentes se transmutarem e reagirem entre si, difundindo-se por todo o espaço e operando por meio desses processos entrelaçantes que ligam todo o éter em uma unidade orgânica.

A cinética subquântica apresenta um paradigma substancialmente diferente daquele que governa a física-padrão, o qual concebe as partículas como sistemas fechados. Quer sejam essas partículas subatômicas unidas por campos de força, ou *quarks* unidos por glúons, a física tem concebido tradicionalmente a natureza em seu nível mais básico como sendo composta por estruturas imutáveis. Diferentemente dos sistemas vivos, que exigem um fluxo contínuo de energia e matéria conectando-os com seu ambiente para sustentar suas formas, a física convencional concebe as partículas como entidades autossuficientes, que não necessitam de interação com seu meio ambiente para continuar sua existência. Desse modo, a teoria clássica dos campos leva a uma concepção de espaço que Alfred North Whitehead criticou como sendo uma mera teoria de localização simples, na qual os objetos simplesmente têm posição sem incorporar qualquer referência a outras regiões do espaço e a outras durações do tempo.

Whitehead, em vez disso, defendeu uma concepção de espaço que manifestava uma unificação preensiva, na qual objetos separados podem estar "juntos no espaço e juntos no tempo, mesmo que eles não sejam contemporâneos". O éter (assim como o Akasha) da cinética subquântica satisfaz à concepção de Whitehead. Como mostramos mais adiante, é precisamente por causa de seu aspecto não linear, reativo e interativo que o éter transmutante da cinética subquântica é capaz de "desovar" partículas subatômicas e fótons, que se manifestam como padrões de concentração do éter tanto estacionários como inerentemente caracterizados pela atividade de propagação. No contexto da cinética subquântica, a própria existência do mundo físico que vemos ao nosso redor é uma evidência da unidade orgânica dinâmica que opera no substrato universal abaixo dele, imperceptível para nós e fora do alcance da detecção direta pelos instrumentos mais sofisticados. O conceito de Akasha apresentado neste livro abraça a concepção orgânica de Whitehead, bem como o conceito de reação-difusão no éter, incorporado na cinética subquântica, e assenta a base para fundamentar um novo e instigante paradigma da ciência unificada.

A noção de um éter, ou de um sistema de referência absoluto no espaço, conflitua necessariamente com o postulado da relatividade especial, o qual afirma que todos os referenciais são relativos e que a velocidade da luz é uma constante universal. No entanto, experimentos realizados por Sagnac (1913), Graneau (1983), Silvertooth (1987, 1989), Pappas e Vaughan (1990), Lafforgue (1991) e Cornille (1998), para citar apenas alguns, estabeleceram que a ideia de referenciais relativos é insustentável e deveria ser substituída pela noção de um referencial absoluto solidário ao éter. Além disso, um experimento moderadamente simples realizado por Alexis Guy Obolensky cronometrou velocidades de até 5 c (c = velocidade da luz) para choques de Coulomb viajando através de seu laboratório (LaViolette, 2008a). Além disso, Podkletnov e Modanese (2011) relatam ter medido uma velocidade de 64 c para uma onda de impulso gravitacional colimada produzida por uma descarga de alta voltagem emitida por um ânodo supercondutor. Esses experimentos não apenas refutam completamente a teoria da relatividade especial, mas também indicam que a informação pode ser comunicada em velocidades superluminais.

No entanto, a cinética subquântica não nega a existência de "efeitos relativistas especiais", tais como o retardamento da marcha dos relógios e a contração do comprimento dos bastões com o aumento da velocidade. Também não nega, ao oferecer uma alternativa para o conceito de torção [ou "dobra"] espaçotemporal, da relatividade geral, a realidade da precessão orbital, da curvatura da luz das estrelas, da dilatação do tempo gravitacional e do deslocamento para o vermelho gravitacional. Estes efeitos emergem como corolários do seu modelo de reação-difusão no éter (LaViolette, 1985b, 1994, 2004, 2013).

A DINÂMICA SISTÊMICA DA CINÉTICA SUBQUÂNTICA

A cinética subquântica foi inspirada em pesquisas realizadas sobre sistemas de reações químicas abertas, como a reação de Belousov-Zhabotinskii (B-Z) (Zaikin e Zhabotinskii, 1970; Winfree, 1974) e o bruxelador (Lefever, 1968; Glansdorff e Prigogine, 1971; Prigogine, Nicolis e Babloyantz, 1972; Nicolis e Prigogine, 1977). Nas condições corretas, as concentrações dos reagentes variáveis do sistema de reação do bruxelador podem auto-organizar-se espontaneamente em padrões de ondas estacionárias de reação-difusão, como o que é mostrado na Figura 1.1. Foram chamados de *padrões de Turing* em homenagem a Alan Turing, que, em 1952, foi o

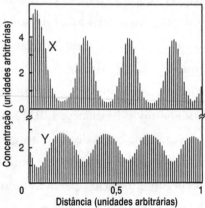

Figura 1.1 Simulação unidimensional por meio de computador das concentrações das variáveis X e Y do bruxelador (diagrama extraído de R. Lefever, 1968).

primeiro a destacar sua importância na morfogênese biológica. Alternativamente, Prigogine *et al.* (1972) chamaram esses processos de estruturas dissipativas porque o crescimento inicial e a subsequente manutenção desses padrões se deve à atividade dos processos de reação subjacentes, de dissipação de energia. Além disso, constata-se que a reação B-Z exibe a propagação de frentes de onda de concentração química, ou ondas químicas, que podem ser facilmente reproduzidas em laboratórios de química escolares; veja a Figura 1.2.

O bruxelador, o mais simples dos dois sistemas de reação, é definido pelas quatro seguintes equações cinéticas:

$$(1\text{-a}) \quad A \xrightarrow{k_1} X$$

$$(1\text{-b}) \quad B + X \xrightarrow{k_2} Y + Z$$

$$(1\text{-c}) \quad 2X + Y \xrightarrow{k_3} 3X$$

$$(1\text{-d}) \quad X \xrightarrow{k_4} \Omega$$

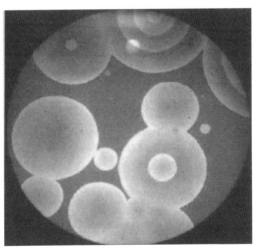

Figura 1.2. Ondas químicas formadas pela reação de Belousov-Zhabotinskii (foto cedida por cortesia de A. Winfree).

As letras maiúsculas especificam as concentrações das várias espécies de reação, e os k_i denotam as constantes cinéticas para cada reação. Cada reação gera os seus produtos do lado direito a uma taxa igual ao produto das concentrações dos reagentes no lado esquerdo pela sua constante cinética. Permite-se que as espécies de reação X e Y variem no espaço e no tempo, enquanto A, B, Z e Ω são mantidos constantes.

Esse sistema define dois caminhos de reação globais que interagem por acoplamento cruzado para produzir um ciclo de reação X-Y. Uma das reações de acoplamento cruzado, a (1-c), é autocatalítica e tende a produzir um aumento não linear de X, que é mantido em xeque por sua reação de acoplamento complementar (1-b). Simulações desse sistema por meio de computador têm mostrado que, quando o sistema de reações opera em seu modo supercrítico, uma distribuição inicialmente homogênea de X e Y pode se auto-organizar em um padrão ondulatório de comprimento de onda bem definido no qual X e Y variam reciprocamente com relação um ao outro, como é mostrado na Figura 1.1. Em outras palavras, esses sistemas permitem que a ordem emerja espontaneamente (diminuindo a entropia) em virtude do fato de que eles funcionam como sistemas abertos; a Segunda Lei da Termodinâmica só se aplica a sistemas fechados.

O MODELO G: SISTEMA DE REAÇÕES DO ÉTER

A cinética subquântica postula um sistema de reações não lineares semelhantes às do bruxelador, o qual envolve as cinco seguintes equações cinéticas chamadas de Modelo G (LaViolette, 1985b):

(2-a) $\quad A \underset{k_{-1}}{\overset{k_1}{\rightleftharpoons}} G$

(2-b) $\quad G \underset{k_{-2}}{\overset{k_1}{\rightleftharpoons}} X$

(2-c) $\quad B + X \underset{k_{-3}}{\overset{k_1}{\rightleftharpoons}} Y + Z$

(2-d) $\quad 2X + Y \underset{k_{-4}}{\overset{k_1}{\rightleftharpoons}} 3X$

(2-e) $\quad X \underset{k_{-5}}{\overset{k_1}{\rightleftharpoons}} \Omega$

As constantes cinéticas k_i denotam a inclinação relativa para que a reação ocorra de maneira progressiva, e k_{-i} denota a inclinação relativa para a reação correspondente proceder no sentido inverso. As reações progressivas são mapeadas na Figura 1.3.

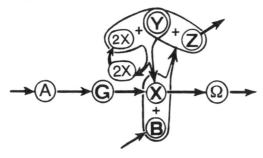

Figure 1.3. O Modelo G para o sistema de reações do éter, que é o objeto de estudos da cinética subquântica.

Uma vez que as constantes cinéticas progressivas têm valores muito maiores do que as constantes cinéticas regressivas, as reações têm a tendência global para proceder irreversivelmente para a direita. No entanto, as reações regressivas, em particular as associadas com a reação (2-b), desempenham um papel importante. Elas não só permitem que o Modelo G estabeleça um acoplamento de campo eletrogravítico, mas também, como descrevemos a seguir, permitem igualmente a formação espontânea de partículas materiais (isto é, de sólitons dissipativos) em um éter inicialmente subcrítico.

Enquanto as reações do bruxelador e de B-Z geram um meio químico que consiste em várias espécies moleculares que reagem entre si e se difundem, a cinética subquântica gera um meio etérico que preenche todo o espaço, meio esse que consiste em várias espécies *etéricas* que reagem entre si e se difundem, denominadas *éterons*. Estando presentes como vários tipos (ou estados) eterônicos rotulados A, B, X, e assim por diante, eles se difundem pelo espaço e reagem uns com os outros da maneira especificada pelo Modelo G (Figura 1.3). O Modelo G é, na verdade, a receita, ou o *software*, que gera o universo físico, e que Ervin Laszlo chama de "matriz", que gera a Dimensão Manifesta. Éterons não devem ser confundidos com *quarks*. Enquanto a teoria dos *quarks* propõe que eles existem apenas dentro do núcleon, com apenas três deles residindo dentro de cada uma dessas partículas, a cinética subquântica supõe que os éterons sejam muito mais ubíquos, residindo não apenas dentro do núcleon, mas também preenchendo todo o espaço com uma densidade numérica de mais de 10^{25} por fermi cúbico, onde eles servem como substrato para todas as partículas e todos os campos.

O caractere de autofechamento do ciclo da reação de X-Y, que é evidente de imediato na Figura 1.3, é o que permite ao Modelo G e ao bruxelador gerarem padrões ondulatórios ordenados. O Modelo G é semelhante ao bruxelador, com a exceção de que uma terceira variável intermediária, G, é acrescentada, o que resulta no fato de que os passos (2-a) e (2-b) agora substituem o passo (1-a) do bruxelador, com todos os outros passos permanecendo os mesmos. A terceira variável foi introduzida a fim de proporcionar ao sistema a capacidade de promover a nucleação dos autoestabilizantes padrões de Turing localizados dentro de um ambiente predominantemente subcrítico.

Essa capacidade autógena de formação de partículas é o que permite ao Modelo G tornar-se um promissor candidato sistêmico para a geração de estruturas subatômicas fisicamente realistas.

Com base no sistema de equações para as reações, podemos escrever o seguinte conjunto de equações diferenciais parciais para descrever como todos os três elementos intermediários das reações, G, X e Y, variam como uma função do espaço e do tempo em três dimensões, em que os valores D_g, D_x e D_y representam os coeficientes de difusão das respectivas variáveis reagentes.

$$
\begin{aligned}
(3\text{-a}) \quad & \frac{\partial G(x, y, z, t)}{\partial t} = k_1 A - k_2 G + D_g \nabla^2 G \\
(3\text{-b}) \quad & \frac{\partial X(x, y, z, t)}{\partial t} = k_2 G + k_4 X^2 Y - k_3 B X - k_5 X + D_x \nabla^2 X \\
(3\text{-c}) \quad & \frac{\partial Y(x, y, z, t)}{\partial t} = k_3 B X - k_4 X^2 Y + D_y \nabla^2 Y
\end{aligned}
$$

Essas três equações diferenciais relativamente simples constituem o roteiro matemático que especifica qual porção do Akasha apresenta funcionamento metabólico que forma o substrato para a emergência de um universo físico não expansivo. Uma distribuição homogênea dos intermediários G, X, Y das reações corresponderia a um vácuo espacial desprovido de matéria e energia. Variações nas concentrações dessas três variáveis corresponderiam à formação de potenciais de campos elétricos e gravitacionais, e padrões ondulatórios formados por esses campos, por sua vez, constituiriam partículas materiais e ondas de energia observáveis. Os próprios éterons permaneceriam não observáveis. A cinética subquântica identifica a concentração G com o potencial gravitacional, em que concentrações de G maiores que o valor da concentração do estado estacionário homogêneo predominante, G_o, constituiriam potenciais gravitacionais positivos e concentrações de G menores do que G_o constituiriam potenciais gravitacionais negativos. Um poço de potencial G negativo, isto é, uma depressão (ou poço) de concentração de éter G, corresponderia a um campo de potencial gravitacional que atrai matéria, enquanto uma elevação (ou pico) de potencial G positivo corresponderia a um campo de potencial gravitacional que repele matéria.

As concentrações de X e Y, que se inter-relacionam mutuamente de maneira recíproca, são conjuntamente identificadas com potenciais de campos elétricos. Uma configuração na qual a concentração Y é maior do que Y_o e a concentração X é menor do que X_o corresponderia a um potencial elétrico positivo, e a polaridade oposta, baixo Y e alto X, corresponderia a um potencial elétrico negativo. O movimento relativo de um potencial de campo elétrico, ou de um gradiente de concentração X-Y, geraria uma força magnética (ou eletrodinâmica) (LaViolette, 1994, 2013). Como Feynman, Leighton e Sands (1964) demonstraram, na física padrão, a força magnética pode ser matematicamente expressa unicamente em termos do efeito que um potencial de campo elétrico em movimento produz sobre uma partícula carregada, removendo a necessidade de recorrer a termos associados a potenciais de campos magnéticos. Também se prediz que o movimento relativo de um potencial de campo gravitacional, e, portanto, de um gradiente de concentração G, gera uma força gravitodinâmica, o equivalente gravitacional de uma força magnética.

A cinética subquântica do éter funciona como um sistema aberto, em que éterons se transformam irreversivelmente ao longo de uma série de estados "rio acima", incluindo os estados A e B, provisoriamente ocupando os estados G, X e Y, e, posteriormente, transformando-se nos estados Z e Ω e, a partir daí, ao longo de uma sequência de estados "rio abaixo" (veja a Figura 1.4). Essa irreversível transformação sequencial é concebida como um processo que define uma linha vetorial, uma dimensão denominada *dimensão de transformação*. Nosso universo físico observável seria inteiramente englobado pelos estados G, X e Y do éter, que residiriam em um nexo ao longo dessa dimensão de transformação, o processo de transformação eterônica contínua operando como o Primeiro Motor do nosso universo.

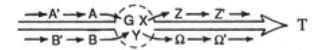

Figura 1.4. Uma expansão do esquema de reações etéricas do Modelo G como ele se distribuiria ao longo da dimensão **T**. Os estados etéricos G, X e Y marcam o domínio do universo físico.

De acordo com a cinética subquântica, a seta do tempo, como se observa fisicamente em todos os eventos temporais, pode ser atribuída à continuação desse processo transformador subquântico. A cinética subquântica permite a possibilidade de universos paralelos se formando "rio acima" ou "rio abaixo" do nosso próprio universo onde quer que a corrente de reações do éter intercepte a si mesma para formar um ciclo de reações semelhante ao Modelo G. No entanto, embora haja uma probabilidade finita de que tal universo material seja gerado, a possibilidade de que ele efetivamente se forme é pequena demais, uma vez que os parâmetros de reação do éter teriam de adotar os valores precisos e adequados para gerar os componentes necessários à montagem de um núcleon.

Uma vez que os éterons entram nos estados eterônicos e deles saem, estados esses que compõem os corpos materiais e as ondas em nosso universo físico, podemos dizer que nosso universo observável é aberto à taxa de transferência de éterons. Ou seja, nosso universo funcionaria como um sistema aberto. Em tal sistema, padrões de campo ordenados podem emergir espontaneamente de distribuições de campo inicialmente homogêneas ou podem se dissolver progressivamente de volta no estado homogêneo, dependendo da criticalidade do sistema de reações.

No Modelo G, a criticalidade do sistema é determinada pelo valor da variável G. Potenciais de G suficientemente negativos criam condições supercríticas que permitem a formação de matéria e o deslocamento de fótons para o azul, enquanto valores positivos dos potenciais de G, que teriam mais predominância no espaço intergaláctico, criam condições subcríticas que causam deslocamento de fótons para o vermelho no sentido [do mecanismo hipotético] da *tired light*, o que responderia pelos deslocamentos para o vermelho cosmológicos observados.

O éter transmutante da cinética subquântica tem algumas semelhanças com o conceito de éter de Nikola Tesla. Ele propôs um éter de natureza semelhante a um gás que é influenciado por uma "força criativa doadora de vida", a qual, quando projetada dentro de vórtices infinitesimais, dá origem à matéria ponderável; ele também propôs que, quando essa força diminui e o movimento cessa, a matéria desaparece deixando apenas o éter. Na cinética subquântica, essa força criativa ou Primeiro Motor se chama *força etérica*, enquanto a resultante transformação transmutativa ou reativa de éterons de um estado em outro é chamada de *fluxo etérico*.

O éter transmutante também apresenta estreitos paralelismos com as descrições de Besant e Leadbeater (1919), que, já em 1895, diziam que "o éter não é homogêneo, mas consiste em partículas de vários tipos, que diferem nas agregações dos corpos diminutos que as compõem". Quanto à partícula subatômica, a que eles se referem como o "átomo físico definitivo", eles afirmam: "Ela é formada pelo fluxo da força vital e desaparece com a sua vazante. Quando essa força surge no 'espaço'... átomos aparecem; se ela é artificialmente interrompida, mesmo que para um único átomo, o átomo desaparece; dele não sobra mais nada. Presumivelmente, se esse fluxo fosse interrompido, mesmo que por um só instante, todo o mundo físico desapareceria, como uma nuvem se desfaz no firmamento. É apenas a persistência desse fluxo que sustenta a base física do universo". De maneira semelhante, a cinética subquântica concebe o nosso universo físico observável como uma marca-d'água epifenomênica gerada pela atividade de um éter de dimensão mais elevada que opera como um sistema aberto.

PARTENOGÊNESE: A CRIAÇÃO DE MATÉRIA A PARTIR DE FLUTUAÇÕES DO PONTO ZERO

De acordo com a cinética subquântica, partículas materiais são nucleadas a partir de flutuações dos potenciais elétricos e gravitacionais que surgem espontaneamente do estado de vácuo do éter. Uma vez que os éterons reagem e se transformam de um modo markoviano estocástico, as concentrações eterônicas de todas as espécies de éterons variarão estocasticamente acima e abaixo de seus valores de estado estacionário, sendo que as magnitudes dessas flutuações conformam-se a uma distribuição de Poisson. Sabe-se que tais flutuações estão presentes nas espécies químicas dos sistemas de reação-difusão, tais como a reação de B-Z, e sua presença também é postulada no sistema do bruxelador teórico. Assim, o mesmo seria verdadeiro para o éter reativo do Modelo G. Consequentemente, a cinética subquântica prevê que flutuações dos potenciais elétrico e gravitacional estocásticos deveriam surgir espontaneamente através de todo o espaço, tanto em regiões onde gradientes de campo estão presentes como em regiões em que eles estão ausentes.

Isto é, de certa maneira, análogo ao conceito de energia do ponto zero (EPZ), a energia do "pano de fundo" do vazio, mas com algumas diferenças. Na física convencional, teoriza-se que as flutuações da EPZ têm energias comparáveis à energia contida nas massas de repouso das partículas subatômicas e emergem como pares partícula-antipartícula, as quais, com extrema rapidez, aniquilam-se mutuamente. Como resultado, criou-se a tendência de citar valores inimaginavelmente altos, da ordem de 10^{36} a 10^{113} ergs/cm^3 para a densidade da energia do ponto zero do espaço. No entanto, por causa do emparelhamento de sua polaridade, esses pares não são capazes de produzir nucleação de matéria. Em comparação, a cinética subquântica rejeita a ideia de que o vácuo espacial está "fervilhando de partículas e antipartículas virtuais". Ela teoriza densidades muito menores da EPZ, da ordem de menos de 1 erg/cm^3, ou menos do que a densidade de energia de radiação predominante em 2.000 K. No entanto, como essas flutuações não estão emparelhadas, elas são potencialmente capazes de "desovar" partículas materiais. Mas isso só ocorre quando surge uma flutuação de magnitude suficientemente grande, pois a imensa maioria é pequena demais para atingir o necessário limiar de energia subquântica.

Contanto que as constantes cinéticas e os coeficientes de difusão das reações do éter sejam adequadamente especificados de modo a tornar o sistema subcrítico, mas próximo do limiar crítico, uma flutuação de potencial elétrico positivo, suficientemente grande e emergindo espontaneamente do ponto zero (ou seja, uma flutuação crítica consistindo em uma baixa concentração de X ou uma alta concentração de Y), com crescimento subsequente e uma subsequente redução de X e aumento de Y, é capaz de quebrar a simetria do estado de vácuo inicial para produzir o que chamamos de bifurcação de Turing. Essa bifurcação é capaz de mudar os potenciais elétrico e gravitacional do campo de fundo, que inicialmente são uniformes e definem o estado de vácuo, em uma estrutura periódica localizada e pulsando em estado estacionário. Na cinética subquântica, esse padrão ondulatório emergente formaria a estrutura de campo elétrico e gravitacional central de uma partícula subatômica nascente.

Uma vantagem do modelo G está no fato de que uma flutuação do potencial elétrico positivo, caracterizada por um potencial X negativo, também gera uma flutuação do potencial G negativo correspondente em virtude da reação inversa, $X \xleftarrow{k_{-2}} G$, e esta, por sua vez, produz uma região supercrítica local que permite à flutuação-semente persistir e crescer em tamanho. Por conseguinte, se o sistema de reação do éter estiver inicialmente no estado de vácuo subcrítico, desde que ele opere suficientemente próximo do limiar crítico, acabará por surgir uma flutuação suficientemente grande para formar uma região supercrítica e realizar a nucleação de uma partícula subatômica (por exemplo, um nêutron). Desse modo, a criação espontânea de matéria e energia é permitida na cinética subquântica.

Uma vez formado, cada protonêutron experimentará um decaimento beta em um próton e um elétron, os quais no final se recombinarão para formar um átomo de hidrogênio. Conforme se prevê, os protonêutrons têm uma probabilidade maior de sofrer nucleação nas vizinhanças de uma partícula subatômica já existente (por exemplo, um próton) uma vez que seu poço de potencial gravitacional produz uma região supercrítica fértil. Por isso, o hidrogênio tenderá a gerar mais hidrogênio, e, às vezes, se transformará em um núcleo de maior massa para também formar núcleos de deutério e de hélio. Diferentemente da teoria do Big Bang, o espaço primordial é relativamente frio, aquecido apenas pela energia do decaimento beta liberada de nêutrons nascentes que emergem de maneira esporádica. Em consequência disso, o gás em cada local acabará por se condensar em um planetesimal primordial. Uma vez que a cinética subquântica prediz que a criação de partículas ocorre mais rapidamente nas vizinhanças da matéria existente, cada planetesimal acabará por se acrescer em um planeta, e em seguida em uma estrela mãe, que posteriormente "desovará" planetas filhos e estrelas filhas. Com crescimento e proliferação ulteriores, essas estrelas congregar-se-ão em um aglomerado estelar primordial, que por fim se transformará em uma galáxia elíptica anã. Mais tarde, quando sua estrela mãe supermassiva central começar uma atividade explosiva, ela gradualmente se transformará em uma galáxia espiral, e finalmente em uma elíptica gigante.

A cinética subquântica é incompatível com a hipótese do universo em expansão ou com a hipótese de um Big Bang. Ela requer que o éter transmutante seja cosmologicamente estacionário e que as galáxias, com exceção dos seus movimentos peculiares, estejam em repouso relativamente ao seu referencial local no éter, pois qualquer expansão cosmológica faria com que as concentrações dos reagentes no éter diminuíssem progressivamente ao longo do tempo e seu estado de criticalidade se alterasse drasticamente. Além disso, a ocorrência de um evento criativo do tipo Big Bang é impedida uma vez que a emergência de uma flutuação da EPZ suficientemente grande para criar toda a matéria e toda a energia em um único evento seria uma impossibilidade virtual.

Esse processo "partenogênico" de obtenção de ordem por meio de flutuações, e que produz nêutrons nascentes, é mostrado na Figura 1.5, que apresenta fotogramas sucessivos extraídos de uma simulação em 3D, obtida por meio de computador, do sistema de equações (3) (Pulver e LaViolette, 2013). A simetria esférica foi imposta como uma suposição arbitrária para reduzir o tempo de computação necessário para realizar a simulação. A duração da simulação consiste em 100 unidades de tempo arbitrárias, e o volume de reação mede 100 unidades espaciais arbitrárias, de -50 a +50, com um quinto do volume exibido no gráfico. Supõem-se condições de contorno para o vácuo. Essas unidades de espaço e de tempo são adimensionais, o que significa que as unidades de medida não são especificadas. Para iniciar a nucleação da partícula, uma flutuação negativa $-\phi_x(r)$ do éter X subquântico foi introduzida na coordenada espacial r = 0. A ascensão e a queda da magnitude da flutuação atingem o seu valor máximo de -1 depois de dez unidades de tempo, ou de 10% do caminho ao longo da simulação, e diminuem de volta para a magnitude zero (linha plana) durante vinte unidades de tempo, ou 20% do caminho ao longo da simulação. O sistema de reação gera rapidamente uma flutuação complementar positiva $+\phi_y(r)$ do potencial Y, que inclui uma flutuação positiva do potencial elétrico, e também gera uma flutuação G negativa $-\phi_g(r)$, que compõe um poço de potencial gravitacional. Isso é evidente no segundo fotograma, em t = 15 unidades. Esse poço G central gera uma região que é suficientemente supercrítica para permitir que a flutuação cresça rapidamente em tamanho até, finalmente, se desenvolver em uma estrutura dissipativa particulada autônoma que se pode ver totalmente desenvolvida no último fotograma, em t = 35 unidades.

A partícula mostrada aqui representaria um nêutron. Seu campo elétrico consiste em um núcleo central gaussiano com polaridade "alto Y/baixo X" e circundado por um padrão de camadas esféricas concêntricas, em que X e Y se alternam entre extremos altos e baixos de uma amplitude que diminui progressivamente. Sendo um padrão ondulatório de reação-difusão, podemos apropriadamente dar a essa periodicidade o nome de *onda de Turing* da partícula (LaViolette, 2008b). O antinêutron teria a polaridade oposta, "alto X/baixo Y", centrado em uma elevação (ou pico) de potencial G.

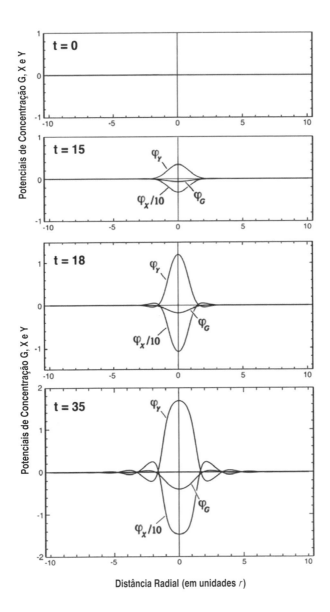

Figura 1.5. Fotogramas sequenciais extraídos de uma simulação tridimensional por meio de computador do Modelo G mostrando a emergência de uma partícula em uma estrutura dissipativa autônoma: em t = 0 tem-se o estado estacionário inicial; em t = 15 ocorre o crescimento do núcleo positivamente carregado quando a flutuação-semente X se desvanece; em t = 18 ocorre o desdobramento do padrão de onda de Turing do campo elétrico periódico; e em t = 35 tem-se a partícula associada à estrutura dissipativa madura mantendo seu próprio poço G central supercrítico. (Simulação elaborada por M. Pulver.)

O potencial positivo Y do campo (e o potencial negativo X do campo) no núcleo do nêutron corresponde à existência de uma densidade de carga elétrica positiva, e o padrão circundante de camadas que se alternam entre potenciais Y baixos e altos constitui camadas de densidade de carga alternadamente negativa e positiva. Na média, no entanto, essas densidades de carga cancelam-se a zero no caso do nêutron, razão pela qual a onda de Turing para o nêutron simulado mostrado na Figura 1.5 não tem nenhuma inclinação positiva ou negativa com relação ao potencial zero do ambiente.

O aparecimento dessas densidades de carga positivas e negativas requer o aparecimento simultâneo da massa de repouso inercial da partícula. Quanto mais curto for o comprimento de onda da onda de Turing, e quanto maior for a sua amplitude (maior a amplitude de onda da sua concentração de éterons), maior será a massa inercial da partícula associada (LaViolette, 1985b). Uma vez que a aceleração requer uma mudança estrutural e uma recriação da estrutura espacial dissipativa da onda de Turing da partícula, a resistência da partícula à aceleração, sua inércia, deveria ser proporcional à magnitude das densidades de carga de suas ondas de Turing; isto é, deveria ser proporcional à quantidade de entropia negativa que precisa ser reestruturada (LaViolette, 2013).

A cinética subquântica também exige que, para o modelo G ser fisicamente realista, os valores de suas constantes cinéticas, de seus coeficientes de difusão e de suas concentrações de reagentes devem ser escolhidos de maneira tal que a onda de Turing emergente tenha um comprimento de onda igual ao comprimento de onda de Compton, λ_0, da partícula que ela representa, estando esse valor relacionado à energia E_0 correspondente à massa de repouso da partícula, isto é, à sua massa de repouso m_0, por meio da fórmula:

$$(4) \quad \lambda_0 = hc/E_0 = h/m_0 c$$

Aqui, h é a constante de Planck e c é a velocidade da luz. O cálculo do comprimento de onda de Compton para o núcleon resulta em 1,32 fermi ($\lambda_0 = 1,32 \times 10^{-13}$ cm). Essa previsão de que o campo elétrico no interior de uma partícula deveria ter uma periodicidade correspondente ao comprimento de onda de Compton foi confirmada por experimentos de espalhamento de partículas. Além disso, diferentemente da representação da partícula pelo pacote de ondas linear de Schrödinger, que tem a infortunada tendência para se dissipar progressivamente ao longo do tempo, as estruturas dissipativas localizadas previstas pelo Modelo G mantêm sua coerência, pois os processos subjacentes de reação-difusão no éter combatem continuamente o aumento da entropia. Assim, a equação para a função de onda de Schrödinger usada na mecânica quântica oferece uma aproximação linear um tanto ingênua para representar fenômenos microfísicos, sendo que o nível quântico é mais bem descrito por meio de um sistema de equações não lineares, tal como o modelo G.

Uma vez que essa representação da partícula pela onda de Turing incorpora ambos os aspectos, partícula e onda, podemos prescindir da necessidade de adotar uma visão dualista onda-partícula das interações quânticas. Além disso, a partícula subatômica associada à onda de Turing demonstrou responder quantitativamente pelos resultados de experimentos de difração de partículas, eliminando desse modo paradoxos que surgem em teorias-padrão que dependem da interpretação da onda piloto de De Broglie ou do conceito de pacote de ondas de Schrödinger. Também produz corretamente a fórmula da quantização orbital de Bohr para o átomo de hidrogênio e, ao mesmo tempo, prevê o comprimento de onda de uma partícula para o elétron orbital no estado fundamental, que é aproximadamente 1.400 vezes menor do que a previsão por meio do pacote de ondas de Schrödinger. Essa representação mais compacta do elétron permite a existência de órbitas de estado subfundamental, de diâmetro menor, tendo números quânticos fracionários. Vários pesquisadores, tais como John Eccles e Randall Mills, afirmam que desenvolveram métodos para induzir transições eletrônicas para tais órbitas subfundamentais e, com isso, extrair enormes quantidades de energia da água comum. A reformulação da mecânica quântica com base no conceito de onda de Turing da cinética subquântica abre as portas para a compreensão e o desenvolvimento de novas tecnologias ambientalmente seguras.

No decorrer de nossa abordagem, na qual descartamos o pacote de ondas de Schrödinger e a função de probabilidade que a ela se associa, e que descreve a posição indeterminada de um ponto material, também é aconselhável descartar a interpretação de Copenhague, com seu misterioso "colapso da função de onda", que, conforme se teoriza, ocorre quando a "entidade" quântica, por meio da medição, torna-se determinada para ser uma onda ou uma partícula. Em particular, Dewdney *et al.* (1985) demonstraram experimentalmente que a posição da partícula é definida, em um sentido real, antes de seu evento de espalhamento de De Broglie, e a partir disso, concluíram que, nesse caso em particular, o conceito de colapso do pacote de ondas é falho. Mais do que provável, também deveríamos conseguir evitar o uso desse conceito de colapso em experimentos que observam a orientação do *spin* de partículas entrelaçadas ou da polarização de fótons entrelaçados. Parece haver uma percepção cada vez mais acentuada do fato de que o seu uso generalizado é, antes de tudo, um mecanismo conveniente para encobrir o fato de que temos apenas, nos dias de hoje, uma compreensão deficitária do funcionamento do domínio subquântico.

Quando um nêutron adquire espontaneamente *carga positiva* e se transforma em um próton, seu padrão ondulatório X-Y adquire uma inclinação positiva semelhante àquela mostrada na Figura 1.6 (região sombreada no perfil da esquerda). Tal fenômeno "tendencioso", que se pode constatar na análise do bruxelador, também está presente no Modelo G quando um estado ordenado existente sofre uma *bifurcação secundária*. A transição do nêutron para o estado de próton de inclinação positiva é mais bem compreendida por referência a um diagrama de bifurcação semelhante àqueles usados para representar o aparecimento de estados ordenados em sistemas de reações químicas de não equilíbrio, como é mostrado na Figura 1.7.

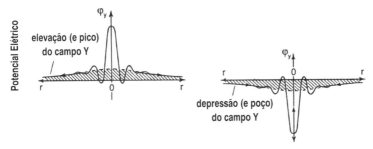

Figura 1.6. Perfis de potencial eletrostático radial para um próton e um antipróton, estado da matéria positivamente carregada (esquerda) e estado da antimatéria negativamente carregada (direita). O comprimento de onda característico é igual ao comprimento de onda de Compton da partícula.

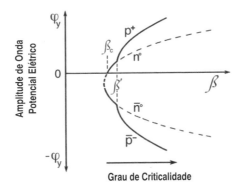

Figura 1.7. Um diagrama de bifurcação hipotética para a formação de partículas nucleares. A bifurcação secundária, após o ponto de bifurcação $ß'$, cria a carga eletrostática.

A emergência do nêutron a partir do estado de vácuo é representada como uma transição para o ramo da bifurcação primária superior, que se ramifica depois do limiar crítico $ß_c$. E depois do limiar $ß'$, esse ramo primário sofre uma bifurcação secundária, com a emergência do ramo onde aparece o próton como solução. Essa transição é observada no fenômeno do decaimento beta, que também envolve a produção do elétron e do antineutrino, não mapeada aqui; isto é: n→p + e⁻ + $\overline{V}^o$ + γ.

A transição do nêutron para o estado de próton carregado envolve uma taxa de produção excessiva de Y por unidade de volume em seu núcleo, acoplada com uma taxa de consumo correspondente a esse excesso, de X por unidade de volume. Isso causa uma inclinação positiva na sua concentração Y central e de uma inclinação negativa na sua concentração X central, que, por sua vez, estende-se radialmente para fora, para "enviesar" todo o padrão de onda de Turing da partícula. Esse viés do campo estendido constitui o campo elétrico de longo alcance da partícula. A análise mostra que esse viés potencial diminui segundo o inverso da distância radial, assim como a teoria clássica prevê. Na verdade, mostrou-se que a cinética subquântica reproduz todas as leis clássicas da eletrostática, bem como todas as leis clássicas da gravitação.

Deve-se ter em mente que as densidades de carga que formam o padrão de onda de Turing do próton, que estão associadas com sua massa inercial, são distintas da densidade de carga que enviesa centralmente seu padrão de Turing e produz o campo elétrico de longo alcance da partícula, e suplementares a essa densidade. As densidades periódicas anteriores emergem como um resultado da bifurcação primária da partícula a partir da solução de estado estacionário homogêneo, ao passo que a inclinação aperiódica posterior emerge como um resultado de sua bifurcação secundária a partir de uma solução de Turing de um estado estacionário existente.

Com base nos resultados do experimento de Sherwin-Rawcliffe (Phipps, 2009), podemos inferir que a criação e o posterior deslocamento do campo de onda de Turing da partícula seriam comunicados para fora de maneira essencialmente instantânea ou com uma velocidade superluminal extremamente alta. O mesmo se verificaria para as fronteiras dos potenciais dos campos elétrico e gravitacional de longo alcance da partícula subatômica, que também se movem para fora. Para o seu experimento, Sherwin e Rawcliffe (1960) realizaram medições de espectrometria de massa de um núcleo de Lu^{175}, que tem a forma de uma bola de futebol, para verificar a presença de decomposição de sua luz, mas obtiveram um resultado nulo. Isso indicou que a massa do núcleo de lutécio comportou-se como um escalar, em vez de um tensor, mostrando assim que o seu campo de Coulomb moveu-se rigidamente com o seu núcleo e foi, desse modo, capaz de criar ação a distância instantânea. Por conseguinte, a prática convencional de retardar as ações de forças na velocidade c seria inadequada.

A cinética subquântica leva a uma nova compreensão da força, da aceleração e do movimento. Na cinética subquântica, a energia potencial do campo (o gradiente de concentração do éter) é considerada como aquilo que realmente existe e a causa fundamental do movimento, sendo a "força" considerada como uma manifestação *derivada*. Isto é, a força é interpretada como o *efeito de tensão* que o gradiente de potencial produz sobre a partícula material em consequência da distorção que ele manifesta na estrutura espacial do padrão de campo que compõe a partícula. A partícula libera essa tensão por meio de um ajuste homeostático que resulta em uma aceleração que se processa em um salto e em um movimento relativo.

CONFIRMAÇÃO NO ESPALHAMENTO DE PARTÍCULAS

A configuração da onda de Turing do potencial do campo elétrico do núcleon prevista pela cinética subquântica foi confirmada por experimentos de espalhamento de partículas que empregam a técnica de *recoil-polarization* (retrocesso-polarização). Kelly (2002) obteve um bom ajuste aos dados do fator de forma (*form factor*) para o espalhamento de partículas ao representar a variação radial da carga e a densidade de magnetização com uma expansão relativista Laguerre-gaussiana; veja as figuras 1.8(a) e 1.9(a). O caráter periódico desse ajuste fica mais evidente quando a densidade de carga superficial ($r^2\rho$) é plotada como uma função da distância radial, como é mostrado nas figuras 1.8(b) e 1.9(b). O modelo da densidade de carga de Kelly prevê que o próton e o nêutron têm um núcleo de densidade de carga positiva com a forma de uma gaussiana circundada por um campo elétrico periódico tendo um comprimento de onda que se aproxima do comprimento de onda de Compton. Além disso, ele observou que, a menos que essa periodicidade circundante seja incluída, seus modelos de carga do núcleon e de densidade de magnetização não se ajustam suficientemente bem aos dados do fator de forma.

Desse modo, temos aqui uma impressionante confirmação de uma característica central da metodologia da física da cinética subquântica, cuja previsão foi feita, pela primeira vez, em meados da década de 1970, em uma época em que ainda havia a convenção de considerar que o campo presente no cerne do núcleon subia abruptamente até uma cúspide central. Note também que o modelo de Kelly confirma o enviesamento positivo do campo central do próton, sendo que esse viés aumenta com a proximidade do centro da partícula (compare a vista aumentada, mostrada na Figura 1.9 (b), com a Figura 1.6). Além disso, como no modelo da cinética subquântica, o modelo de Kelly mostra a amplitude da periodicidade periférica do núcleon diminuindo com o aumento da distância radial.

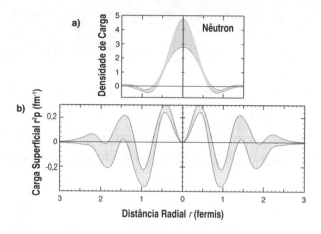

Figura 1.8. (a) Perfil da densidade de carga para o nêutron prevista pelos modelos de expansão Laguerre-gaussianos previstos por Kelly; e (b) o perfil da densidade de carga superficial correspondente (segundo Kelly 2002, Fig. 5-7, 18).

Simulações realizadas sobre o Modelo G mostram que a amplitude do padrão de onda de Turing diminui com o aumento da distância radial segundo $1/r^4$ em raios pequenos ($r<2\lambda_0$), que se aproxima da diminuição radial observada nos máximos da densidade de carga para o modelo de Kelly. O padrão de onda de Turing do Modelo G de partículas diminui mais acentuadamente em distâncias radiais maiores, diminuindo segundo $1/r^7$ para $r \approx 4\lambda_0$ e segundo $1/r^{10}$ para $r \approx 6\lambda_0$, o que pode ser comparado com a teoria-padrão, a qual propõe que a força nuclear diminui segundo $F_n \propto 1/r^7$. Esse padrão de onda da partícula localizada só é possível porque

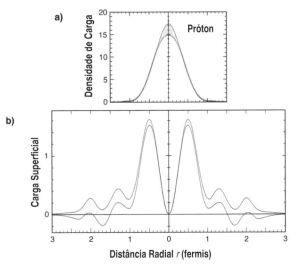

Figura 1.9. (a) Perfil da densidade de carga para o próton prevista pelos modelos de expansão Laguerre-gaussianos previstos por Kelly; e (b) o perfil da densidade de carga superficial correspondente (segundo Kelly 2002, Fig. 5-7, 18).

a variável G extra foi introduzida no sistema de reação do Modelo G. Ele permite que uma partícula autonucleie-se em um ambiente inicialmente subcrítico enquanto deixa regiões distantes do espaço no seu estado de vácuo subcrítico. Desse modo, se nós quantificamos a quantidade de ordem ou a entropia negativa criada por uma única flutuação-semente e integramos a quantidade total de potencial do campo, $|\phi_x|$ ou $|\phi_y|$, que forma o padrão de onda da partícula, deveríamos constatar que ele converge para um valor finito, comparável à ideia de um *quantum* de ação. O bruxelador de duas variáveis, por outro lado, malogra em gerar estruturas localizadas. Simulações mostram que uma flutuação-semente no bruxelador só produz ordem se o sistema opera inicialmente no estado supercrítico, que, por sua vez, faz com que todo o seu volume de reação fique preenchido com um padrão de onda de Turing de amplitude máxima. Desse modo, no bruxelador, uma única flutuação-semente produz potencialmente uma quantidade infinita de entropia negativa, isto é, de estrutura.

A confirmação do modelo de reação do éter, o Modelo G, que ficou disponível graças a dados experimentais sobre o espalhamento de partículas, nos leva a conceber a partícula subatômica como uma entidade organizada, um sistema, cuja forma é criada por meio da interação ativa de toda uma pluralidade de estruturas corpusculares existentes em um nível hierárquico inferior. Desse modo, descobrimos que a própria estrutura da matéria, seu caráter de onda de Turing confirmado pelas observações, impõe-se como prova de uma camada whiteheadiana subjacente, dinâmica e interativa, à qual antigas culturas deram vários nomes, Éter, Akasha, Tao ou Oceano Cósmico. De fato, a física da cinética subquântica tem origens muito antigas (LaViolette, 2004).

Os atuais modelos de *quarks* não conseguem antecipar o caráter periódico do campo elétrico do núcleon. Nenhum modelo de *quark* pode ser concebido *a posteriori* para responder de modo razoável por essa característica. Os próprios *quarks*, ou os "glúons" que se teoriza para ligá-los e mantê-los coesos, não têm nenhum roteiro para lhes dizer que eles deveriam dançar da maneira complexa que seria exigida a fim de gerar um tal extenso padrão de campo periódico. A cinética subquântica, o substituto viável para a teoria dos *quarks*, difere dela em vários aspectos, sendo que um deles é a maneira como ele lida com a origem da massa, da carga e do *spin*. A teoria dos *quarks* não tenta explicar como a massa inercial, a carga elétrica e o *spin* surgem. Ela apenas supõe que eles sejam atributos físicos presentes nos *quarks* sob uma forma fracionária, e que, em um somatório triplicado, aparecem como propriedades correspondentes detectáveis no núcleon. Em comparação, os éterons reagentes da cinética subquântica não têm massa, nem carga e nem *spin*. Estes são propriedades cuja ocorrência é prevista apenas para o nível quântico, e que emergem de maneira surpreendente como corolários das reações do Modelo G. A massa e o *spin*, como propriedades da partícula subatômica, emergem no momento em que essa passa a existir pela primeira vez, e a carga, como foi anteriormente observado, emerge como uma bifurcação secundária da bifurcação primária de Turing. Em vez de serem meramente supostas, todas essas propriedades fundamentais da matéria acontecem de uma maneira compreensível na teoria cinética subquântica.

Paul A. LaViolette, Ph.D., é presidente da Fundação Starburst, um instituto de pesquisas interdisciplinares, e tem graus avançados em ciência sistêmica e física. Autor de *Genesis of the Cosmos*, *Earth Under Fire*, *Decoding the Message of the Pulsars*, *Secrets of Antigravity Propulsion* e *Subquantum Kinetics,* ele mora em Nova York.

REFERÊNCIAS DA HIPÓTESE 1

Besant, A. e Leadbeater, C. W. *Occult Chemistry: Clairvoyant Observations on the Chemical Elements.* Londres: Theosophical Publishing House, 1919.

Cornille, P. "Making a Trouton-Noble Experiment Succeed", *Galilean Electrodynamics* 9: 33, 1998.

Dewdney, C. *et al. Foundations of Physics* 15: 1.031-042, 1985.

Feynman, R. P., Leighton, R. B., e Sands, M. *The Feynman Lectures on Physics*, Vol. II. Reading MA: Addison-Wesley, 1964.

Glansdorff, P. e Prigogine. I. *Thermodynamic Theory of Structure, Stability, and Fluctuation.* Nova York: Wiley, 1971.

Graneau, N. "First Indication of Ampere Tension in Solid Electric Conductors". *Physical Letters* 97A: 253-55, 1983.

Kelly, J. "Nucleon Charge and Magnetization Densities from Sachs Form Factors". *Physical Review C* 66 nº 6, ID: 065203. Eprint: http://arXiv.org/abs/hep-ph/0204239, 2002.

Lafforgue, J.-C. *Isolated Systems Self-propelled by Electrostatic Forces*, patente francesa nº 2651388, 1991.

LaViolette, P. A. "An Introduction to Subquantum Kinetics. I. An Overview of the Methodology". *International Journal of General Systems* 11: 281-93, 1985a.

_____. "An Introduction to Subquantum Kinetics: II. An Open Systems Description of Particles and Fields". *International Journal of General Systems* 11: 305-28, 1985b.

LaViolette, P. A. "An Introduction to Subquantum Kinetics: III. The Cosmology of Subquantum Kinetics". *International Journal of General Systems* 11: 329-45, 1985c.

_____. *Subquantum Kinetics: The Alchemy of Creation*. Alexandria, Va.: Starlane Publications, 1ª edição (fora de catálogo), 1994.

_____. *Genesis of the Cosmos*. Rochester, Vt, Bear & Co., 1ª edição, 1995, 2004.

_____. *Secrets of Antigravity Propulsion*. Rochester, Vt: Bear & Co., 2008a.

_____. *International Journal of General Systems* 37, nº 6: 649-76, 2008b.

_____. *Subquantum Kinetics: A Systems Approach to Physics and Astronomy*. Niskayuna, NY: Starlane Publications, 4ª edição, 2013.

Lefever, R. "Dissipative Structures in Chemical Systems". *Journal of Chemical Physics* 49: 4.977-978, 1968.

Nicolis, G. e Prigogine, I. *Self-organization in Nonequilibrium Systems*. Nova York: Wiley-Interscience, 1977.

Pappas, P. T. e Vaughan, T. "Forces on a Stigma Antenna". *Physics Essays* 3: 211-16, 1990.

Phipps, Jr., T. E. "The Sherwin-Rawcliffe Experiment: Evidence for Instant Action-at-a-distance". *Apeiron* 16: 503-15, 2009.

Podkletnov, E. e Modanese, G. "Study of Light Interaction with Gravity Impulses and Measurements of the Speed of Gravity Impulses", in *Gravity-Superconductors Interactions: Theory and Experiment*, organizado por G. Modanese e R. Robertson. Bussum, Holanda: Bentham Science Publishers, 2011.

Prigogine, I., Nicolis, G. e Babloyantz, A. "Thermo-dynamics of Evolution". *Physics Today* 25, nº 11: 23-28; 25 nº 12: 38-44, 1972.

Pulver, M. e LaViolette, P. A. "Stationary Dissipative Solutions of Model G". *International Journal of General Systems* 42, nº 5: 519-41, 2013.

Sagnac, G. "The Luminiferous Ether Demonstrated by the Effect of the Relative Motion of the Ether in an Interferometer in Uniform Rotation". *Comptes Rendus de l'Academie des Sciences (Paris)* 157: 708-10, 1913.

Sherwin, C. W. e Rawcliffe, R. D. Report I-92 of March 14, 1960 of the Consolidated Science Laboratory, Department of Commerce Scientific and Technical Information Service, document #625706, University of Illinois, Urbana.

Silvertooth, E. W. "Experimental Detection of the Ether", *Speculations in Science and Technology* 10: 3-7, 1987.

_____. "Motion Through the Ether". *Electronics and Wireless World*, 437-38, 1989.

Winfree, A. T. "Rotating Chemical Reactions". *Scientific American* 230: 82-95, 1974.

Zaikin, A. e Zhabotinskii, A. "Concentration Wave Propagation in Two-dimensional Liquid-phase Self-oscillating System". *Nature* 225: 535-37, 1970.

HIPÓTESE 2:
O CAMPO QUÂNTICO UNIVERSAL

Peter Jakubowski

Este estudo apresenta uma demonstração quantitativa de que a totalidade da física contemporânea, com todas as suas equações, unidades e constantes, pode ser redefinida e unificada com base no Campo Quântico Universal (CQU), uma interpretação da dimensão Akáshica do cosmos. O CQU só é observável por meio de suas flutuações quantizadas, chamadas fluctúons, que se movem através do campo, existem durante algum tempo e em seguida desaparecem. O mundo manifesto é uma composição de fluctúons.

As equações básicas da física contemporânea emergem como relações entre os membros da "família unificada" das quantidades físicas* geradas por dedução do Campo Quântico Universal. O CQU não precisa de definições por valores observados e experimentalmente medidos além da constante de Planck e da carga elétrica elementar. A família unificada de todas as quantidades físicas "produz" todas as equações físicas como sim-

---

* Em quase todos os casos em que aparece, traduzimos *quantity* pela sua tradução mais direta, "quantidade", apesar de que "magnitude", "grandeza" ou "propriedade" possa ser, em quase todos eles, uma tradução mais precisa. Que o leitor seja assim advertido a entender "quantidade" com a flexibilidade com que o autor usa essa palavra. (N.T.)

ples relações entre essas quantidades. As equações aparecem em sua forma quantizada, relativística e independente da matéria. — E.L.

INTRODUÇÃO

Nosso conhecimento das propriedades físicas da dimensão oculta do universo está apenas começando a ocupar um lugar sólido na ciência contemporânea. Este estudo mostra que as propriedades físicas desta dimensão, o Akasha, servem como a base para se descrever todos os fenômenos manifestos do universo.

Para desenvolver a nova física, demonstramos como um Campo Quântico Universal (CQU) puramente físico pode redefinir e unificar toda a física contemporânea, com todas as suas equações físicas, unidades e constantes, sustentadas apenas por dois valores "clássicos": a constante de Planck h e a carga elétrica elementar e.

Começamos descrevendo o CQU. Esse campo só é observável por meio de suas flutuações quantizadas (denominadas fluctúons), que se movem através do campo, existem por algum tempo e desaparecem novamente. O mundo observado é apenas uma composição de fluctúons.

Isso é correto, mas não é suficiente. Precisamos de uma física completa capaz de nos dar uma descrição das várias quantidades físicas do mundo conhecido.

A FÍSICA DO CQU

Como podemos caracterizar um fluctúon? Vamos considerá-lo como um objeto que tem o seu vetor de onda quântico **k** e seu vetor de velocidade de propagação quântico **c**. Vamos chamar a essas quantidades, **k** e **c**, de quantidades físicas fundamentais (a notação de todas as quantidades físicas vetoriais é feita por meio de letras em negrito). Qual é a relação mútua entre essas quantidades? Que outras quantidades físicas podemos definir com base em **k** e em **c**? E que outras possíveis relações existem entre as quantidades físicas adicionalmente definidas? Todas elas são conhecidas da física oficial? Para responder a essas perguntas, vamos definir o seguinte diagrama bidimensional (Figura 2.1), que lembra um tabuleiro de xadrez, onde há um lugar livre para cada quantidade física básica que queremos definir e correlacionar com cada uma das outras.

A Figura 2.1 mostra a parte central da Família Unificada com o vetor de onda quântica **k** e o vetor de velocidade quântica **c** colocados diretamente perto da "unidade universal" da família. Essa quantidade-unidade desempenha um importante papel na família toda, pois muitas das quantidades físicas tradicionalmente usadas estão em relação recíproca simples umas com as outras, de modo que não precisamos defini-las separadamente. Por exemplo, somos capazes de definir imediatamente o comprimento quântico **r** como um vetor recíproco do vetor de onda **k**, **r** = (1/k)û, em que û é um vetor unidade correspondente, e colocá-lo na posição oposta a **k**, do lado direito da unidade universal, como é mostrado na Figura 2.2.

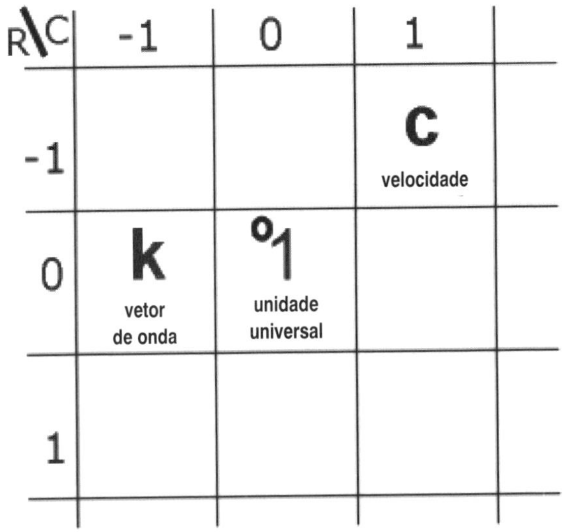

R\C	-1	0	1
-1			**c** velocidade
0	**k** vetor de onda	°1 unidade universal	
1			

Figura 2.1. Quantidades físicas fundamentais, os vetores **k** e **c**, em relação à unidade universal escalar, na posição central da Família Unificada de todas as quantidades físicas.

Nossa primeira pergunta é: "Qual é a relação entre as quantidades físicas fundamentais **k** e **c**?" A única relação pode ser escrita como um produto vetorial Λ desses dois vetores. Ele define a frequência quântica do fluctúon como um bivetor »f«. O bivetor é um plano orientado, no caso um plano sobre **k** e **c**, com uma determinada circulação ao longo de **k** e **c**. Na Figura 2.2 e nas figuras seguintes, ele é representado por uma linha dupla acima da quantidade bivetorial.

(1) $\quad\quad$ »f« = **k** Λ **c**

R\C	-1	0	1
-1		$\overline{\overline{f}}$ frequência	**c** velocidade
0	**k** vetor de onda	°1 unidade universal	**r** comprimento
1		$\overline{\overline{t}}$ período	

Figura 2.2. Parte central da Família Unificada de todas as quantidades físicas. O bivetor da frequência quântica »f« é definido pela Equação (1) (veja acima), o período quântico »t« é seu recíproco »t« = (1/f)»u«, em que »u« é um bivetor unidade, e o vetor comprimento **r** é recíproco do vetor de onda **k**, **r** = (1/k)û, em que û é um vetor unidade.

A Equação (1) não é apenas a primeira equação física da descrição unificada do mundo observável; ela é, em princípio, a única equação básica para o CQU, o Campo Quântico Universal. Ela descreve cada fluctúon especificado desse campo. Teoricamente, nada mais é necessário para a descrição, pois o nosso mundo observado consiste exclusivamente em fluctúons.

No entanto, queremos saber alguma coisa mais a respeito do mundo. E, para isso, também precisamos responder à segunda pergunta: "Que outras quantidades físicas podemos definir com base em **k** e **c**?"

Dois exemplos dessas quantidades adicionais já estão presentes na Figura 2.2: são os recíprocos do vetor de onda quântica **k** e da frequência quântica »f«. Chamamos de comprimento quântico **r** o recíproco do vetor de onda **k**. Esse comprimento é também o tamanho quântico do fluctúon. O recíproco da frequência quântica »f« foi chamado de período quântico na Figura 2.2 (e definido como »t« = (1/f)»u«, em que »u« é um bivetor unidade), mas isso também significa um tempo quântico, que é um bivetor, e não um escalar, como na física convencional. É a nossa primeira drástica diferença com relação à compreensão clássica do mundo observado. No mundo quantizado unificado, não temos o fluxo temporal linear, clássico, do passado para o futuro. O tempo quântico universal sempre tem o sentido de um período característico de algum sistema quântico correspondente, mesmo que esse sistema tenha um tamanho de 1 milhão de anos-luz. O tempo quântico não flui, mas circula.

Consideremos agora outras quantidades físicas que podemos definir com base em **k** e **c**. Para isso, ampliamos o plano da Figura 2.2 para a direita e obtemos a Figura 2.3.

R\C	-1	0	1	2	3	4
-1		$\bar{f}$ frequência	c velocidade			
0	**k** vetor de onda	$\overset{\circ}{1}$ unidade universal	**r** comprimento	$\bar{\bar{A}}$ área	**p** *momentum*	$\overset{\circ}{J}$ ação
1		$\bar{\bar{t}}$ período				

Figura 2.3. A multiplicação consecutiva da unidade universal pelo comprimento quântico **r** resulta na área quântica bivetorial »A«, no volume quântico vetorial **V** (equivalente ao *momentum* quântico **p**) e, finalmente, no quantum de ação escalar J, J = **p*****r** (= »A« * »A«).

Como mostramos aqui, repetindo duas vezes a multiplicação da unidade universal pelo comprimento quântico **r**, obtemos a área quântica bivetorial »A« (»A« = **r**$_1$ ∧ **r**$_2$). Multiplicando-a novamente por **r**, obtemos o volume quântico **V** do fluctúon (**V** = »A«***r**, em que * significa produto próprio (*eigen-product*), que equivale ao *momentum* quântico **p**. Finalmente, nós o multiplicamos por **r** e obtemos o *quantum* de ação escalar J, ou seja, J = **p*****r** (= »A«*»A«).

Mas como fazemos para saber se o volume **V** do fluctúon equivale ao seu *momentum* **p**? Precisamos testar isso. Se funcionar com os outros membros da Família Unificada, então estará correto. E se escolhermos o lugar correto para o *momentum*, então também teremos o lugar correto para a ação. Isso acontece porque a equivalência clássica e quântica da ação relativamente ao *momentum* angular é dada pela expressão acima: J = **p*****r**.

Vamos testar a posição para os *momenta* linear e angular. Considere que quantidades físicas poderiam preencher a linha -1 na Figura 2.3. À luz da física clássica de Newton, podemos supor que a multiplicação do *momentum* **p** pela frequência »f« daria a posição correta para o vetor de força quântica **F**, **F** = »f«****p**. Portanto, colocamos a força **F** na intersecção da coluna 3 com a linha -1.

Também sabemos que força vezes comprimento é igual a energia. Se colocarmos a energia W* à direita da força (na coluna 4 e linha -1), então nós teremos de defini-la como o bivetor »W« = **F** ∧ **r**. Finalmente, notemos que a quantidade física na coluna 2 e na linha -1 precisa ser o fluxo quântico escalar de frequência Φ$_f$, pois ele iguala a frequência quântica (bidimensional) »f« vezes a área quântica »A«, Φ$_f$ = »A«*»f«.

---

* Temos de usar o símbolo W, do trabalho, para indicar a energia porque na Família Universal o símbolo-padrão E precisa ser reservado para denotar a intensidade do campo elétrico.

R\C	-1	0	1	2	3	4
-1	$\overline{\overline{f}}$ frequência	c velocidade	$°\overline{\Phi}_f$ fluxo de frequência	F força	$\overline{\overline{W}}$ energia	
0	k vetor de onda	$°1$ unidade universal	r comprimento	$\overline{\overline{A}}$ área	p momentum	$°J$ ação
1		$\overline{\overline{t}}$ período		$°m$ massa		

Figura 2.4. A posição que atribuímos à massa quântica m é mostrada de modo a estar em relação apropriada com as já definidas quantidades físicas **p**, J, **F** e »W«.

Para completar o plano dinâmico da Família Unificada, precisamos agora da posição correta para a massa quântica m. Isso também está indicado na Figura 2.4.

Uma breve análise das relações conhecidas entre quantidades que já estão definidas prova a correção da posição proposta para a massa quântica escalar m.

Um passo a mais ao longo da direção diagonal entre as linhas e colunas na Figura 2.4 nos leva da unidade universal à velocidade quântica **c**. Isso sugere que cada passo ao longo dessa direção ou de uma direção paralela significa multiplicação pela velocidade quântica **c**. Isso nos dá as seguintes relações: m***c** = **p**; **p** Λ **c** = »W«, e m*(**c**$_1$ Λ **c**$_2$) = »W«.

Então perguntamos: "O que sabemos a respeito das unidades das quantidades físicas aqui definidas?" Se a massa quântica é corretamente incluída na Família Unificada, então temos a seguinte definição de sua unidade, o quilograma: kg = m²s (por causa da relação na linha 1: »t«*»A« = »A«*»t« = m).

Vamos testar essa definição. Na física clássica, a unidade de força deveria ser kg*m/s². Usando nossa definição de quilograma, podemos deduzir que N = m²sm/s² = m³/s. Por causa da relação **F***»t« = **p** (na coluna 3), obtemos como unidade de *momentum* a quantidade m³, e essa é também a unidade de volume **V**. Segue-se que o volume quântico **V** e o *momentum* quântico **p** são quantidades físicas equivalentes, e como tais ocupam o mesmo lugar na Família Unificada.

Agora, a unidade de energia é o Joule: $J = Nm = kg*m^2/s^2 = m^2s*m^2/s^2 = m^4/s$. Nossa coluna 4 dá a relação para a ação quântica $J = »W«*»t«$. Ela também dá para a unidade de ação a combinação m^4, a unidade de volume multiplicada por metro. Além disso, a posição para a ação quântica também foi escolhida corretamente. Isso é importante. Significa que podemos tomar o bem conhecido valor da constante de Planck ($J_u = h = 6,626076 \times 10^{-34}$ Js) e calcular, com sua quarta raiz, o valor universal do tamanho quântico no mundo observável: $r_u = 5,073575 \times 10^{-9}$ m; ($r_u^4 = h$).

Confirmamos a correção das posições de todas as quantidades físicas na Figura 2.4. Vamos agora considerar as mais importantes descobertas que fizemos até agora. Em primeiro lugar, a frequência quântica é um bivetor; seu fluxo Φ_f descreve a circulação, a rotação ou o movimento rodopiante (*spin*) de um fluctúon. Em segundo lugar, o tempo quântico não flui, mas circula; ele tem sempre o sentido de um período mais curto ou mais longo. Em terceiro lugar, o *quantum* de energia não é um escalar clássico, mas um bivetor. Isso significa que um *quantum* de energia contém toda a informação que na física tradicional nós tínhamos de acrescentar por meio das propriedades do portador de energia, o fóton. Cada *quantum* de energia transporta seu próprio *spin* e sua própria orientação espacial. Na Física Unificada, nós não precisamos de *quanta* de energia nem de fótons; não precisamos de fótons, em absoluto, pois os *quanta* de energia unificados são seus próprios portadores de energia. Além disso, os "blocos de construção" universais do mundo observado não são objetos atômicos ou moleculares; são fluctúons de tamanho nano. Finalmente, descobrimos algo caracteristicamente promissor. Não precisamos mais do quilograma-padrão. Somos capazes de calcular a massa de um objeto quântico a partir de seu período quântico característico e de seu tamanho (ou a partir de quaisquer duas outras de suas quantidades físicas).

Vamos agora completar a Família Unificada. Em primeiro lugar, nós completamos seu plano dinâmico, como é mostrado na Figura 2.5.

A Figura 2.5 mostra todas as quantidades físicas que constituem a base dinâmica da Família Unificada das quantidades físicas. Já sabemos que algumas dessas quantidades são simplesmente recíprocas de outras, como já foi mostrado na Figura 2.4. O laplaciano quântico »Δ« é simplesmente o recíproco da área quântica »A«, e a densidade quântica **n** é o recíproco do volume quântico **V** (aliás, o *momentum* **p**). A densidade de massa quântica ρ_m é o recíproco da velocidade quântica **c** (por causa das relações ρ_m = (m/**V**)**û** ou ρ_m*****V** = m); outra descoberta resultante da nossa definição de massa unificada.

R\C	-3	-2	-1	0	1	2	3	4
-3					G fator de gravidade			
-2				$°f^2$ quadrado de frequência	a aceleração	$\bar{\bar{c}}^2$ quadrado da velocidade	fF força no tempo	°P potência
-1				$\bar{\bar{f}}$ frequência	c velocidade	$°\Phi_f$ fluxo de frequência	F força	$\bar{\bar{W}}$ energia
0	n densidade	$\bar{\bar{\Delta}}$ laplaciano quântico	k vetor de onda	$°1$ unidade universal	r comprimento	$\bar{\bar{A}}$ área	p *momentum*	$°J$ ação
1		$°\sigma$ condutividade elétrica	ρ_m densidade de massa	$\bar{\bar{t}}$ período	km densidade linear de massa	°m massa		
2			$\bar{\bar{\varepsilon}}$ fator dielétrico	C capacitância elétrica	$°\Phi_\varepsilon$ área óptica			

Figura 2.5. As quantidades físicas mais frequentemente usadas pertencentes ao plano dinâmico da Família Unificada.

As posições das quantidades físicas que nós chamamos de quadrado da frequência e de quadrado da velocidade podem ser igualmente óbvias. Elas são definidas, correspondentemente, como f^2 = »f_1«*»f_2« e »c^2« = $c_1 \wedge c_2$. Elas são frequentemente usadas na física matemática tradicional. Por ora, é suficiente notar que o quadrado da frequência tem como recíproco a área óptica (usada em algumas equações ópticas específicas), e o quadrado da velocidade é o recíproco do chamado fator dielétrico »ε« (por causa da conhecida relação »ε«*»c²« = 1). Esta relação significa, no entanto, que o fator dielétrico, assim como o seu fluxo (a área óptica), pertence ao plano dinâmico da Família Unificada. Também a capacitância elétrica, resultante de uma multiplicação do fator dielétrico pelo comprimento quântico **r**, C = »ε«*r, pertence a esse plano. Embora os nomes "fator dielétrico" e "capacitância elétrica" sugiram algo novo, essas duas quantidades têm sido tradicionalmente definidas como quantidades puramente dinâmicas, e não eletrodinâmicas.

Para inserir adequadamente a condutividade elétrica na Família Unificada, precisamos definir seu plano eletrodinâmico. Nós o construiremos abaixo. Mas, em primeiro lugar, precisamos lidar com algumas importantes quantidades físicas na parte superior do plano dinâmico na Figura 2.5.

É relativamente fácil encontrar a posição correta para a aceleração quântica **a**. Ela pertence à posição definida por uma multiplicação da velocidade quântica **c** pela frequência quântica »f«, ou pela multiplicação do quadrado da frequência pelo comprimento quântico **r**, **a** = »f«***c** = f²***r**. Também é claro que a potência quântica deve ficar acima da energia por causa de sua definição como a quantidade de energia "aplicada" ou "usada" durante um período de tempo específico, P = »f«*»W«.

As outras relações de definição são P = **F*****c** = »f«***F*****r**. Esta última também define a posição da quantidade física **fF** (eu a chamei de "força no tempo" porque ela descreve a mudança da força quântica durante o período quântico correspondente »t« (como o recíproco de »f«)). As unidades de aceleração (m²/s) e de potência (W = J/s) decorrem diretamente das definições acima.

A última quantidade física na linha do topo da Figura 2.5 é a próxima descoberta importante da Física Unificada. Essa quantidade quântica vetorial é chamada de fator de gravidade **G**, uma vez que desempenha o mesmo papel na definição da força unificada, tal como a constante gravitacional faz na força da gravidade newtoniana. No entanto, o fator de gravidade unificado não é apenas uma constante; é uma quantidade física "ordinária", que descreve a mudança temporal da aceleração quântica, **G** = »f«*****a**. Sua unidade é m/s³. O fator de gravidade torna-se zero para todo movimento com aceleração constante. Essa descoberta muda radicalmente nossa compreensão da relação entre gravidade e antigravidade.

Em seguida, antes de calcularmos o valor universal do fator de gravidade e os valores universais das outras quantidades físicas, temos de construir o plano eletrodinâmico dentro do qual nós as localizamos.

Por causa de razões históricas conhecidas, o desenvolvimento da física clássica do magnetismo e o da eletricidade ocorreram independentemente um do outro e também das outras áreas da física, como a dinâmica e a cinemática. Seria, portanto, perfeitamente compreensível que as quantidades físicas introduzidas em cada um desses campos da física pudessem ser definidas independentemente das outras quantidades físicas. Felizmente para nós, no entanto, nossos antecessores científicos eram grandes cientistas que, além disso, estavam intuitivamente cientes da unidade da natureza. Além disso, eles também foram perceptivos o suficiente para compreender não apenas o seu próprio campo da física, mas também os outros campos. Assim, o sistema das quantidades e unidades físicas eletrodinâmicas desenvolvidas durante os séculos XVIII e XIX é compacto e autoconsistente.

Podemos usar as regras de multiplicação que usamos no plano dinâmico para calcular todas as possíveis quantidades eletrodinâmicas, ou seja, usar as duas quantidades fundamentais do CQU, o vetor de onda quântica **k** e a velocidade quântica **c**. O único problema que resta para ser resolvido, usando a intuição, a experiência e um pouco de sorte, é descobrir a relação numérica apropriada entre os dois planos da Família Unificada, o dinâmico e o eletrodinâmico. Isso está mapeado na Figura 2.6.

Quando comparamos a Figura 2.6 com a Figura 2.5, constatamos que o lugar eletrodinâmico da unidade universal foi ocupado por outra quantidade física escalar, a saber, a indução magnética B, que é equivalente à densidade planar da corrente elétrica j.

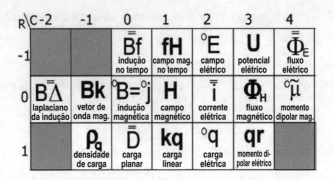

Figura 2.6. Todas as quantidades físicas úteis pertencentes ao plano eletrodinâmico da Família Unificada (a numeração das colunas e linhas é a mesma da Figura 2.5).

Assim como a unidade universal, essa quantidade física quântica escalar, B = j, também é uma constante universal, independente do estado material (definimos a dependência material de quantidades físicas na Figura 2.7). Este é apenas um fator numérico que transforma a parte correspondente do plano dinâmico no plano eletrodinâmico. Por exemplo, comparando as posições reais do campo magnético **H** (na Figura 2.6) e o comprimento quântico **r** (na Figura 2.5), podemos escrever diretamente **H** = B***r** (ou **H** = j***r**). De maneira semelhante, a corrente elétrica quântica »i« é igual a j*»A«, e a carga planar (ou indução elétrica) »D« é »D« = B*»t« (mais conhecida como corrente de deslocamento de Maxwell: j = »f«*»D«). Como resultado da nossa definição de massa quântica, temos uma nova relação entre massa quântica e carga elétrica: q = j*m, o que nos dá outra maneira de encontrar o fator numérico que conecta os dois planos. Esse fator é o quociente entre a carga elétrica quântica e a massa quântica de um fluctúon arbitrário, j = q/m. Se estimarmos a carga elétrica de um fluctúon, também obteremos, de imediato, a sua massa. E a estimativa da massa quântica determina igualmente a carga elétrica.

Para completar a unificação de todas as quantidades físicas, precisamos encontrar a expressão da carga elétrica com referência às quantidades fundamentais **k** e **c** (ou por meio de suas derivadas »f« e **r**). Descobri que o quadrado da carga elétrica é membro do plano dinâmico. Ele pode estar localizado na intersecção da linha 1 com a coluna 3, ao lado da massa quântica $\mathbf{q}^2 = m^*\mathbf{r} = »t«^*\mathbf{r}^3$. Essa localização é a origem de algumas relações interessantes, por exemplo, $\mathbf{q}^{2*}»f« = \mathbf{p}$, $\mathbf{q}^{2*}\mathbf{c} = J$, ou $\mathbf{q}^{2*}f^2 = \mathbf{F}$. Esta última relação indica o lugar correto para encontrarmos a quantidade $\mathbf{q}^2$ ainda "escondida".

A expressão tradicional para a força gerada por dois fios metálicos que transportam corrente elétrica é bem conhecida: $\mathbf{F} = i^2$. Em nossa linguagem quântica, ela é expressa quase da mesma maneira: $\mathbf{F} = (q^*»f«)^2$. A única diferença é que aqui a corrente elétrica é o bivetor »i« e a corrente clássica é definida como uma grandeza vetorial. Como consequência, a magnitude para o quadrado da carga elétrica é a de um vetor, enquanto sua expressão clássica a trata como uma grandeza escalar. Essa diferença relativamente diminuta tem obstruído a unificação completa de magnitudes físicas durante todos esses anos.

A carga elétrica é a segunda quantidade física (depois da constante de Planck) que tem sido medida mais vezes e com precisão cada vez maior. Seu valor é $q_u = e = 1,602177 \times 10^{-19}$ C. Portanto, nós tomamos essa quantidade como o segundo valor universal na Família Unificada. Com uma nova definição de carga elétrica, $q = (»t«^*r^3)^{1/2}$, estamos agora em condições de calcular o valor universal da segunda quantidade física fundamental. É $t_u = e^2/r_u^3 = 1,965526 \times 10^{-13}$ s, e $c_u = r_u/t_u = 2,581281 \times 10^4$ m/s. Este valor da quantidade fundamental $\mathbf{c}$ é bem conhecido na física, o que fica evidente quando percebemos que a velocidade quântica de um dado material é equivalente à sua resistência elétrica quântica. O mesmo valor que o c_u acima, mas expresso em ohms, foi medido por Klaus von Klitzing em sua investigação sobre o efeito Hall. Isso lhe rendeu o Prêmio Nobel de Física em 1985.

O terceiro plano possível de quantidades físicas termodinâmicas deve conter apenas um item de importância, a saber, a temperatura. Assim, nós tratamos a temperatura em separado e apenas a acrescentamos à Família Unificada de quantidades físicas. Os resultados são apresentados nas duas tabelas da Figura 2.7.

A relação que define cada grandeza é dada no canto superior esquerdo. Essa definição inclui a dependência direta sobre o fator material µ. Depois de ter extraído a dependência material (com diferentes potências de µ), a parte restante da definição pode ser expressa por meio dos valores universais fundamentais (indicados pelo índice "u"). A definição da unidade correspondente é dada no canto superior direito, e o seu valor universal, abaixo do símbolo dessa dada quantidade física. O plano dinâmico é mostrado na Figura 2.7a (note as posições trocadas de G e n em relação à Figura 2.5 para a redução do tamanho da figura), e o plano eletrodinâmico é mostrado na Figura 2.7b.

Uma nova propriedade da Família Unificada é demonstrada nas duas partes da Figura 2.7, no canto esquerdo de cada quadrado. A definição unificada de cada quantidade física contém um fator material correspondente µ, que assume o valor 1 para o estado médio do campo quântico universal (CQU), um valor entre 1 e 0 para todos os estados possíveis de matéria inanimada e um valor maior do que 1 para todos os estados possíveis de matéria animada. (Veja as Referências na página 231 para obter uma definição completa do espectro quântico da matéria e uma discussão detalhada de suas propriedades.)

Voltemos agora à Família Unificada de quantidades físicas. Estamos falando sobre todas as quantidades físicas, mas a Figura 2.7 contém "apenas" 44 dessas quantidades, ou 45, se incluirmos a temperatura. Onde estão as outras centenas conhecidas pela ciência? O fato é que todas elas são equivalentes a uma ou a outra das quantidades "básicas" escolhidas mostradas na Figura 2.7. Por exemplo, as quantidades equivalentes ao fluxo de frequência, Φ_f, também incluem (além do *quantum* de circulação e do *quantum* de rotação) o coeficiente de difusão, o coeficiente de força elástica e a resistividade elétrica. Além da resistência elétrica a que já nos referimos, a densidade de energia e a pressão também pertencem à velocidade quântica. A Família Unificada, de fato, define todas as quantidades físicas.

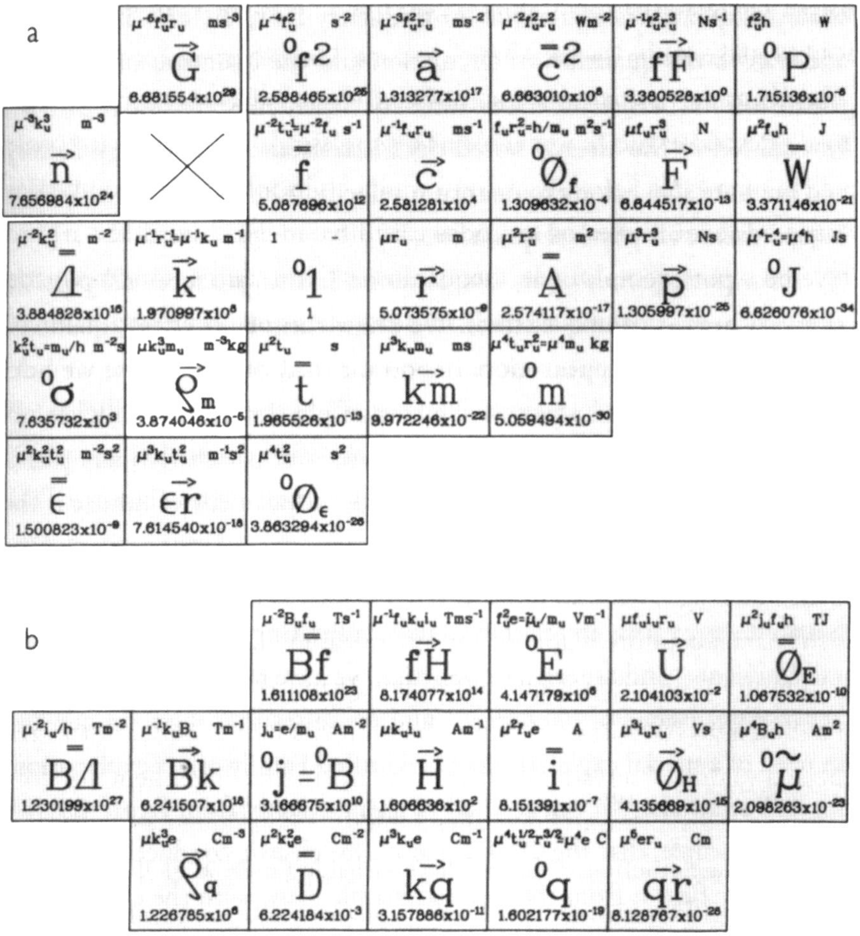

Figura 2.7. As duas tabelas, a e b, desta figura oferecem uma definição completa da Família Unificada de todas as quantidades físicas.

Como consequência de sua completude, ela também produz todas as relações possíveis entre as quantidades. Nós as conhecemos como equações físicas, e algumas delas parecem mais importantes do que outras. Aquelas que consideramos mais importantes são conhecidas como leis da física, ou até mesmo como leis da natureza. Isso é enganoso, pois a natureza "funciona" sem quaisquer equações físicas. O único processo que eu estou pronto para chamar de lei da natureza é a tendência na natureza para transferir energia para a parte do espaço onde há um déficit de energia; ou para transferir energia a partir de uma região que tem energia em excesso em relação às suas vizinhanças.

Na ciência, e especialmente na física, temos produzido um grande número de descrições de fenômenos e de processos que parecem únicos e requerem uma explicação especial. A Família Unificada oferece explicações para 461 relações. Podemos ler todas elas diretamente a partir da Figura 2.7. Vemos, por exemplo, que a equação de Ohm para a condutividade elétrica relaciona o campo elétrico E, a partir do plano eletrodinâmico, com a condutividade elétrica, a partir do plano dinâmico. Comparando o lugar do campo elétrico com sua quantidade física correspondente no plano dinâmico, encontramos o fluxo quântico escalar de frequência Φ_f. Por outro lado, esse fluxo de frequência é o recíproco da condutividade elétrica, $\Phi_f = 1/\sigma$. Isso resulta na relação $E = j^*\Phi_f$, que é a origem da relação de Ohm. Isso significa que também escolhemos adequadamente o lugar "básico" para a condutividade elétrica quântica no plano dinâmico.

Em resumo, mostramos que o Campo Quântico Universal, que constitui a dimensão Akáshica do cosmos, não precisa de quaisquer outras referências a valores observados e experimentalmente medidos além dos dois valores universais (arbitrariamente) escolhidos, a constante de Planck h e a carga elétrica elementar e. A Família Unificada de todas as quantidades físicas, construída de modo a definir corretamente todas as quantidades básicas usadas até agora na física tradicional, "produz" todas as equações físicas como relações simples entre essas quantidades. E vale a pena ressaltar que essas equações sempre aparecem em sua forma quantizada, relativística e independente da matéria.

Além disso, a unificação baseada no CQU produz várias relações quantitativas desconhecidas da física convencional, por exemplo, entre a massa quântica e a carga elétrica quântica.

Peter Jakubowski graduou-se em física pela Universidade Silesiana, em Katowice, na Polônia, em 1969. Seu subsequente trabalho de doutorado, que ele elaborou de 1970 a 1973, tinha por foco o estudo da estrutura eletrônica da matéria. Além de suas investigações teóricas, Jakubowski completou um estudo experimental sobre a estrutura eletrônica da matéria, adquirindo seu Ph.D. em 1976. Ele se estabeleceu na Alemanha em 1984 e se dedicou ao desenvolvimento de um novo e independente fundamento para a física. Este novo paradigma da física, chamado Naturics, inclui a Física Unificada e suas aplicações científicas e tecnológicas.

REFERÊNCIAS DA HIPÓTESE 2

Jakubowski, P. "Best Optimized One-electron Wave-functions; I. The General Procedure of Optimization; II. Isoelectronic Series of Li, Be, B, and C; III. Direct Examination of Optimization Effectiveness; IV. Ionization Energies of Atoms". *International Journal of Quantum Chemistry*, X: 719-46, 1976.

_____. "AFMR in KMnF3 near TN and TC; New Experimental Results". *Acta Physica Polonica*, A54, nº 4: 397-409, 1978.

_____. "Luminiferous Ether Revived". *Physics Essays* 3, nº 3: 281-83, 1990a.

_____. "Equivalence of Electrodynamics with Dynamics". *Physics Essays* 3, nº 2: 156-60, 1990b.

_____. "Alternative Foundation of Physics". *Physics Essays* 5, nº 1: 26-38, 1992.

_____. *The Cosmic Carousel of Life: Our Evolution and Our Perspectives*. Norderstedt, Alemanha: Books on Demand GmbH, 2003.

_____. *Naturics: The Unified Description of Nature*, 2ª edição. Norderstedt: Books on Demand GmbH, 2010.

Referências

Achterberg, J., K. Cooke, T. Richards, *et al.* "Evidence for Correlations between Distant Intentionality and Brain Function in Recipients: A Functional Magnetic Resonance Imaging Analysis". *Journal of Alternative and Complementary Medicine* 11, nº 6: 965-71, 2005.

Akimov, A. E., e G. I. Shipov. "Torsion Fields and Their Experimental Manifestations". *Journal of New Energy* 2: 2, 1997.

Akimov, A. E., e V. Ya. Tarasenko. "Models of Polarized States of the Physical Vacuum and Torsion Fields". *Soviet Physics Journal* 35: 3, 1992.

Arkani-Hamed, Nima, Jacob L. Bourjaily, Freddy Cachazo, *et al.* "Scattering Amplitudes and the Positive Grassmannian". DOI:.arXiv: 1212.5605[hep-th], 2012.

Ashtekar, A., *et al. Revisiting the Foundations of Relativistic Physics, Festschrift in Honor of John Stachel*. Boston Studies in Philosophy of Science. Vol. 234. Dordrecht, Holanda: Kluwer Academic, ed. 2003.

Aspect, Alain, Jean Dalibard e Gerard Roger. "Experimental Test of Bell's Inequalities Using Time-varying Analyzers". *Physical Review Letters* 49, nº 25: 1.804-7, 1982.

Backster, Cleve. "Evidence of a Primary Perception at the Cellular Level in Plant Life". *International Journal of Parapsychology* 10, nº 4: 329, 1968.

Beloussov, Lev. "The Formative Powers of Developing Organisms", in *What Is Life?*, editado por Hans-Peter Dürr, Fritz-Albert Popp e Wolfram Schommers. New Jersey, Londres, Cingapura: World Scientific, 2002.

Bending, B. W. "Plant Sensitivity to Spontaneous Human Emotion", seção de exibição de pôsters apresentada em: *Toward a Science of Consciousness*, 10-14 de abril, Tucson, Arizona, 2012.

Biava, Pier Mario. *Cancer and the Search for Lost Meaning: the Discovery of a Revolutionary New Cancer Treatment*. Berkeley, Califórnia: New Atlantic Books, 2009.

Byrd, Randolph. "Positive Therapeutic Effects of Intercessory Prayer in a Coronary Care Population". *Southern Medical Journal* 81: 7, 1988.

Chalmers, David J. "The Puzzle of Conscious Experience". *Scientific American* 273: 80-86, 1995.

Corichi, Alejandro. *Black Holes in Loop Quantum Gravity*. Morelia, México: ICGC'07, IUCAA, 2007.

Del Giudice, Emilio e R. M. Pulselli. "Structure of Liquid Water Based on QFT". *International Journal of Design & Nature and Ecodynamics* 5, nº 1, 2010.

Dossey, Larry. *Recovering the Soul: A Scientific and Spiritual Search*. Nova York: Bantam, 1989. [Em português: *Reencontro com a Alma: Uma Investigação Científica e Espiritual*. Editora Cultrix, São Paulo, 1992. (Fora de catálogo)]

Dürr, S., T. Nonn e G. Rempe. "Origin of Quantum-mechanical Complementarity Probed by a 'Which-way' Experiment in an Atom Interferometer". *Nature* 395, nº 3: 3-36, 1998.

Engel, Gregory S., Tessa R. Calhoun, Elizabeth L. Read, *et al*. "Evidence for Wavelike Energy Transfer through Quantum Coherence in Photosynthetic Systems". *Nature* 446 (12 de abril): 782-86, 2007.

Fodor, Jerry A. "The Big Idea". *New York Times Literary Supplement* (3 de julho), 1992.

Frecska, Ede e Luis Eduardo Luna. "Neuro-ontological Interpretation of Spiritual Experiences". *Neuropsycho-pharmacologia Hungarica* 8, nº 3: 143-53, 2006.

Grof, Stanislav. "Revision and Re-enchantment of Psychology: Legacy of Half a Century of Consciousness Research". *The Journal of Transpersonal Psychology* 44, nº 2: 137-63, 2012.

Guth, Alan H. *The Inflationary Universe: The Quest for a New Theory of Cosmic Origins.* Nova York: Basic Books, 1997.

Hameroff, Stuart. *Ultimate Computing.* Amsterdã: North Holland Publishers, 1987.

Hameroff, Stuart, Roger Penrose, *et al.*, *Consciousness and the Universe: Quantum Physics, Evolution, Brain & Mind.* Cosmology Science Publishers, 2011.

Hanada, Masanori, Yoshifumi Hyakutake, Goro Ishiki e Jun Nishimura. "Description of Quantum Black Hole on a Computer", 21 de novembro de 2013, http://arxiv.org/abs/1311.5607. Acessado em 9 de janeiro de 2014.

Hawking, Stephen. "Black Hole Explosions?" *Nature* 248: 30-31, 1974.

Hawking, Stephen e Leonard Mlodinow. *The Grand Design.* Nova York: Bantam, 2010.

Hoyle, Fred. *The Intelligent Universe.* Londres: Michael Joseph, 1983.

Hoyle, F., G. Burbidge e J. V. Narlikar. "A Quasi-steady State Cosmology Model with Creation of Matter". *The Astrophysical Journal* 410, nº 23: 437-57, 1993.

Kafatos, Menas e Robert Nadeau. *The Non-local Universe: the New Physics and Matters of the Mind.* Oxford: Oxford University Press, 1999.

Kuhn, Thomas. *The Structure of Scientific Revolutions.* Chicago: University of Chicago Press, 1962.

Kwok, Sun. *Organic Matter in the Universe.* Nova York: Wiley, 2011.

Kwok, Sun e Yong Zhang. "Astronomers Discover Complex Organic Matter Exists throughout the Universe". *Science Daily*, 26 de outubro de 2011.

Lanza, Robert e Bob Berman. *Biocentrism: How Life and Consciousness Are the Keys to Understanding the True Nature of the Universe.* Dallas, Texas: BenBella Books, Inc., 2009.

Laszlo, Ervin e Kingsley Dennis. *The Dawn of the Akashic Age*. Rochester, Vt.: Inner Traditions, 2013.

———, com Anthony Peake. *The Immortality Hipothesis*. Rochester, Vt.: Inner Traditions. 2014.

LeShan, Lawrence. *A New Science of the Paranormal*. Wheaton, Ill.: Quest Books, 2009.

Linde, Andrei. *Inflation and Quantum Cosmology*. Boston: Academic Press, 1990.

———. "Inflation, Quantum Cosmology and the Anthropic Principle", in *Science and Ultimate Reality: From Quantum to Cosmos, Honoring John A. Wheeler's 90th Birthday*. Organizado por John Barrow, Paul C. W. Davies e C. L. Harper Jr. Cambridge: Cambridge University Press, 2004.

Mandel, Leonard. *Physical Review Letters* 67, nº 3: 318-21, 1991.

Megidish, E., A. Halevy, T. Sachem, *et al*. "Entanglement between Photons That Have Never Coexisted" *Physical Review Lett*ers 110: 210403, 2013.

Merali, Zeeya. "The Universe Is a String-net Liquid". *New Scientist*, 15 de março. *Veja também* esclarecimento por Xiao-Gang Wen em http://dao.mit.edu/~wen/NSart-wen.html. Acessado em 16 de outubro 2013, 2007.

Mitchell, Edgar. *Psychic Exploration. A Challenge for Science*. Nova York: G. P. Putnam, 1977.

Montecucco, Nitamo. *Cyber: La Visione Olistica*. Roma: Mediterranee, 2000.

Nichol, Lee, org. *The Essential David Bohm*. Nova York: Routledge, 2003.

Penrose, Roger. *Shadows of the Mind: A Search for the Missing Science of Consciousness*. Oxford: Oxford University Press, 1996.

———. *The Road to Reality*. Londres: Vintage Books, 2004.

Prigogine, Ilya, J. Geheniau, E. Gunzig, *et al*. "Thermodynamics of Cosmological Matter Creation". *Proceedings of the National Academy of Sciences USA* 85, nº 20: 7.428-32, 1988.

"Psionic Medicine". *Journal of the Psionic Medical Society and the Institute of Psionic Medicine* XVI, 2000.

Sági, Maria "Healing Through the QVI-Field", *in* David Loye, org. *The Evolutionary Outrider: the Impact of the Human Agent on Evolution*. Inglaterra: Adamantine Press Limited, 1998.

———. "Healing Over Space and Time", *in* Ervin Laszlo, *The Akashic Experience*. Rochester, Vt.: Inner Traditions, 2009.

Sarkadi, Dezső e László Bodonyi. "Gravity between Commensurable Masses". Private Research Center of Fundamental Physics, *Magyar Energetika* 7: 2, 1999.

Schrödinger, Ervin. *What Is Life? And Mind and Matter*. Londres: Cambridge University Press, 1969.

Sheldrake, Rupert. *The Science Delusion*. Londres: Hodder and Stoughton Ltd., 2012. [*Ciência sem Dogmas: A Nova Revolução Científica e o Fim do Paradigma Materialista*, publicado pela Editora Cultrix. São Paulo, 2014.]

Smoot, George e Keay Davidson. *Wrinkles in Time*. Nova York: William Morrow & Company, 1994.

Steinhardt, Paul J. e Neil Turok. "A Cyclic Model of the Universe". *Science* 296: 1.436-39, 2002.

Susskind, Leonard. *The Cosmic Landscape: String Theory and the Illusion of Intelligent Design*. Nova York: Little, Brown & Company, 2006.

Trnka, Jaroslav. "The Amplituhedron", 19 de setembro de 2013, www.staff.science.uu.nl/~tonge105/igst13/Trnka.pdf. Acessado em 16 de outubro de 2013.

Vivekananda, Swami. *Raja Yoga*. Calcutá: Advaita Ashrama, 1982.

Wheeler, John A. "Bits, Quanta, Meaning", in *Problems of Theoretical Physics*, organizado por A. Giovanni, F. Mancini e M. Marinaro. Salerno, Itália: University of Salerno Press, 1984.

Próximos Lançamentos

Para receber informações sobre os lançamentos da
Editora Cultrix, basta cadastrar-se
no site: www.editoracultrix.com.br

Para enviar seus comentários sobre este livro,
visite o site www.editoracultrix.com.br ou
mande um e-mail para atendimento@editoracultrix.com.br